水体污染控制与治理科技重大专项"十三五"成果系列丛书

流域水质目标管理及监控预警技术标志性成果

流域水生态功能分区与健康管控技术手册

张　远　马淑芹　高俊峰
江　源　杨中文　贾蕊宁　等　著

科学出版社

北　京

内 容 简 介

本书基于“十一五”、“十二五”和“十三五”国家水体污染控制与治理科技重大专项的部分研究成果，对流域水生态功能分区与健康管控关键技术进行综合集成，系统筛选梳理了水生态功能分区、水生态健康评价和保护目标制定、土地利用优化与空间管控、水生态承载力评估与调控四大类共24项关键技术，可为流域水生态健康管理提供技术支撑，为推动流域水环境管理从“水质目标管理”向“水生态健康管理”转变提供技术应用经验和案例参考。

本书可供环境保护领域的科研人员、决策管理人员等参考，也可供高等院校相关专业师生参阅。

图书在版编目(CIP)数据

流域水生态功能分区与健康管控技术手册/张远等著．—北京：科学出版社，2022.2

（水体污染控制与治理科技重大专项“十三五”成果系列丛书）

ISBN 978-7-03-054681-4

Ⅰ．①流…　Ⅱ．①张…　Ⅲ．①流域-水环境-生态环境-研究-中国
Ⅳ．①X143

中国版本图书馆CIP数据核字（2017）第240161号

责任编辑：周　杰　王勤勤／责任校对：樊雅琼

责任印制：吴兆东／封面设计：无极书装

科学出版社 出版

北京东黄城根北街16号

邮政编码：100717

http://www.sciencep.com

北京中科印刷有限公司印刷

科学出版社发行　各地新华书店经销

*

2022年2月第　一　版　开本：787×1092　1/16

2023年2月第二次印刷　印张：11 1/2

字数：280 000

定价：168.00元

（如有印装质量问题，我社负责调换）

前　言

随着我国生态文明建设的全面推进，水环境管理正处于从传统的水污染控制向水生态健康保护转变的阶段，以往实施的以水功能区为基础的水质达标管理模式表现出一定的局限性。水生态功能分区与健康管控是国家生态环境保护工作的重大需求。本书是“十三五”水体污染控制与治理科技重大专项（简称“水专项”）的研究成果，主要集成了“十一五”以来流域水生态功能分区与健康管控相关的关键技术，以期为流域水生态健康管理提供技术支持。

全书共5章。第1章由张远、贾蕊宁、马淑芹、高俊峰、江源、杨中文、胡泓、王晓完成，介绍了流域水生态功能分区与健康管控的背景和意义、国内研究进展、技术体系框架；第2章由马淑芹、王璐、夏瑞、高欣、贾蕊宁、王晓执笔，介绍了水生态功能分区技术流程、关键技术和应用案例；第3章由高俊峰、马淑芹、丁森、蔡永久、张志明、胡泓执笔，介绍了水生态健康评价和保护目标制定技术流程、关键技术和应用案例；第4章由江源、董满宇、夏瑞、陈焰执笔，介绍了土地利用优化与空间管控技术流程、关键技术和应用案例；第5章由杨中文、郝彩莲、李春晖、王玉秋、马驰执笔，介绍了水生态承载力评估与调控技术流程、关键技术和应用案例。全书由张远、马淑芹统稿并审定。

本书得到了水体污染控制与治理科技重大专项“流域水生态功能分区管理技术集成”课题（2017ZX07301001）的资助。在水专项办公室的统一组织下，本书主要集成了“十一五”、“十二五”和“十三五”国家水专项部分课题的研究成果，关键技术主要来源于以下课题：“流域水生态功能评价与分区技术”（2008ZX07526001）、“重点流域水生态功能一级二级分区研究”（2008ZX07526002）、“辽河流域水生态功能分区与质量目标管理技术示范”（2009ZX07526006）、“太湖流域水生态功能分区与质量目标管理技术示范”（2008ZX07526007）、“赣江流域水生态功能分区与质量目标管理技术示范”（2008ZX07526008）、“流域水生态承载力与总量控制技术研究”（2008ZX07526004）、“流域水生态保护目标制定技术研究”（2012ZX07501001）、“重点流域水生态功能三级四级分区研究”（2012ZX07501002）、“太湖流域（江苏）水生态功能分区与标准管理工程建设”（2012ZX07506001）、“辽河流域水生态功能区管理体系研究与综合示范”

(2012ZX07505001)、“流域水生态环境质量监测与评价研究”(2013ZX07502001)、“重点流域环境流量保障与容量总量控制管理关键技术与应用示范”(2013ZX07501004)、“控制单元水生态承载力与污染物总量控制技术研究与示范”(2013ZX07501005)和“流域水生态功能分区管理技术集成”(2017ZX07301001)。先后参与本书资料收集工作的同志有中国环境科学研究院的薛婕、王晓、苏婧、贾蕊宁等。同时，科学出版社的编辑为本书的出版也提供了支持和帮助，在此一并感谢！

由于作者的水平有限，书中难免存在疏漏，希望广大读者提出宝贵意见和建议。

作 者
2021 年 10 月

目　录

第1章 绪　论

1.1 流域水生态功能分区与健康管控的背景和意义

我国水环境长期污染，水生态系统退化严重，实施水生态健康系统管理，对于客观判别我国水生态退化状况、支撑我国流域水生态保护与恢复工作具有重要意义。党的十九大提出了21世纪中叶的“美丽中国”建设蓝图，明确了到2035年生态环境质量实现根本好转，美丽中国目标基本实现的建设目标。2019年12月，生态环境部印发《重点流域水生态环境保护“十四五”规划编制技术大纲》，明确提出要突出水资源、水生态、水环境“三水”统筹，实现“有河有水，有鱼有草，人水和谐”的目标，标志着我国水环境管理已经从传统理化指标水质改善向水生态健康转变。

“针对生态环境特点，实施区域差异性管理”是国际水环境管理的成功经验。欧美等国家都将水生态健康作为核心管理目标，建立了基于水生态分区的水环境管理体系。美国从1987年开始实施全国水生态区划方案，将美国大陆划分为15个一级区，50个二级区，85个三级区，791个四级区，目前大多数州都已经划分到五级区。欧盟基于海拔、地质和集水区面积等要素划分水生态区，在此基础上进一步识别水体类型，建立了水体分区分类管理体系。以水生态分区为基础，美国和欧盟开展了水生态健康分区管理工作，实施制定了以水生态健康恢复为目标的保护修复措施，水生态健康评价指标也从单指标评价、多参数评价向水生态完整性评价、水生态状况综合评价转变。

与国外相比，我国水生态健康管控技术总体滞后，存在突出的技术短板：一是缺乏体现水生态区域分异规律的分区方法，不能为水生态健康管理提供合理的单元；二是水生态健康评价方法长期采用欧美指标和标准，缺乏本土化指标体系和评价标准，水生态保护目标制定技术缺乏研究，难以科学指导我国水生态管理考核工作；三是水生态健康管控技术薄弱，难以有效支撑以水生态健康为目标的“三水”统筹管理。因此面向我国水生态健康管理战略需求，国家水体污染控制与治理科技重大专项（简称水专项）经过十余年的技术研发，在水生态功能分区、水生态健康评价、水生态保护目标制定、土地利用空间管控和水生态承载力调控等关键环节开展了技术突破，初步构建了我国以水生态功能分区为基础的健康管控成套技术体系，引领带动了我国水环境管理模式的提质升级。

1.2 国内外研究进展

1.2.1 水生态功能分区

生态（功能）区是国家实施区域差异性环境管理的基础。1987年，Omernik提出了水生态分区的概念和划分方法，以Omernik理念为指导，20世纪80年代末美国环境保护署（Environmental Protection Agency，EPA）形成了五级分区体系，以影响水生态系统空间分布与组成的自然环境因素为分区指标开展了水生态区的划定，大尺度以气候、地形等为分区指标，中小尺度以植被、人类活动、水生生境、水生生物群落组成等为分区指标。最初以专题图叠置和专家经验等定性分析的方法确定水生态区边界，随着GIS技术的发展，美国各州逐渐开始采用定量化的区划技术方法（Host et al.，1996)，对原有的生态区划边界进行修订。1995年，在美国农业部（United States Department of Agriculture，USDA）支持下，为保护北美水生生物多样性，根据北美鱼类分布特征，Maxwell等（1995）建立了基于多尺度的北美淡水生态分区等级结构，包括动物地理大区（zones)、动物地理亚区（subzones)、地区（regions)、亚地区(subregions)、流域（basins)、亚流域（subbasins）乃至更小的分区单元。奥地利学者在1997年运用USEPA模型，采用“自上而下”的方法，大尺度以气候要素等为分区指标，小尺度以水质等为分区指标，将奥地利划分为17个水生态区。欧盟于2000年颁布了《欧盟水框架指令》（*Water Framework Directive*，WFD)，在水体类型确定基础上，提出了生态区+分类的水生态区划分方法（Moog et al.，2004)，基于海拔、集水区、面积、地质等大尺度环境要素将欧盟划分为25个水生态区，在此基础上进一步引入水生生境、水生生物等指标进行细分。2008年，在北美淡水生态分区基础上，为保护世界淡水生物多样性，世界自然基金会（World Wildlife Fund，WWF）组织200多名学者依据全球淡水鱼类资源的组成及分布差异，将全球划分为426个水生态区(Abell et al.，2008)。此外，南非共和国、德国、澳大利亚、新西兰等国家为支撑水生态监测评价工作也开展了水生态区的划定工作。

过去几十年里，我国针对淡水生态系统也开展了区划研究。李思忠（1981）根据鱼类组成和属种的差异将淡水鱼类分为5个一级区、2个二级区；熊怡和张家桢

(1995) 根据径流深、径流年内分配和径流动态，按照定性和定量（模糊聚类）相结合的方法，将全国划分为11个水文一级区、56个水文二级区；尹民等（2005）开展了中国河流生态水文区划研究，将中国河流划分为10个一级区、44个二级区、406个三级区；20世纪80年代开始，环境保护部开展了全国水环境功能区划分，以期为水污染控制提供依据；2002年，水利部提出了全国的水功能区方案，将其作为全国水体功能管理的基础。以上分区主要是针对水生态系统的部分要素开展的区划研究，并不是真正意义上的水生态区划。2008年在水体污染控制与治理科技重大专项的支持下，我国开始了水生态功能分区理论和技术方法研究工作，并在松花江、海河、淮河、辽河、东江、黑河、赣江、太湖、滇池、洱海、巢湖11个流域开展了水生态功能一～四级分区方案的划分。其中，张远等（2007）在GIS技术支持下，采用多指标叠加分析和专家经验方法，通过对辽河流域自然要素和水生生物指标进行典型相关分析（component analysis，CA），划分出辽河流域水生态功能分区方案。许莎莎（2012）以GIS和SWAT水文模型为主要技术手段，通过空间叠置法、多变量空间分析法筛选并确定了黑河流域水生态功能分区指标和方法。孙然好等（2013）通过分析海河流域的陆地和水生态系统特点，运用地貌类型、径流深、年降水量、年蒸发量等指标将海河流域划分为6个一级区；运用植被类型和土壤类型的空间异质性将海河流域划分为16个二级区；从水资源调节功能、水环境调节功能、生境调节功能、河流类型4方面指标出发，自下而上聚类和人工判读相结合，将海流域划分为73个三级区；选取蜿蜒度、比降、断流风险、盐度4个指标，通过叠加分析、空间融合、拓扑查错和人工判读，最终将海河流域划分为428个四级区。高俊峰等（2019）以太湖和巢湖为案例，深入探讨了湖泊型流域水生态功能分区等级体系、方法体系和指标体系，建立了湖泊型流域水生态功能分区理论。高喆等（2015）以滇池流域为例，基于生态功能区划的生态系统服务功能、尺度效应、地域分异规律等理论，以一～四级分区反映自然地理差异、人类干扰差异、水生生物生存空间差异、水生生物生境差异为目标，通过空间叠加聚类将滇池流域划分为5个一级区、10个二级区、23个三级区、41个四级区。以上区划方面的研究工作，无论是从理论层面还是从技术层面，都为我国水生态功能区划工作的开展提供了重要基础。

1.2.2 水生态健康评价与保护目标制定

近半个世纪以来，随着经济社会的快速发展，人口急剧膨胀，特别是工业化和城市化的深入推进，人类活动对于流域水生态系统的干扰和改造强度不断提高，而工业的迅速发展导致水资源的需求大量增加、污染物大量排放以及流域栖息地改变和受损，流域水生态系统的结构和功能受到严重破坏，直接影响到流域水生态系统生态功能和服务功能的正常供给，部分河湖已经演变为人类主导下的河湖生态系统，水环境恶化、水生态退化现象普遍（许有鹏，2012；Pelicice et al.，2015；Pongruktham and Ochs，2015；高俊峰等，2016；崔广柏等，2017；Shi et al.，2017）。

水生态健康属生态学研究的重要领域之一，经过长期研究实践，其概念的内涵和外延不断充实和深化。从生态系统角度，水生态健康具备重要的维持化学、物理及生物完整性的功能（Karr et al.，1986）；从时间角度，水生态健康反映了生态系统中自然发生的演替或预期的顺序变化；从生物学角度，健康的水生态系统具有初级生产力与次级生产力高、营养元素变化循环、物种多样性高的特征（Rapport，1999）；从服务功能角度，健康的水生态系统不仅能保持化学、物理及生物完整性，还能维持其对人类社会提供的各种服务功能（Karr，1999），随着国内外陆地水生态研究及应用不断深入，水生态健康评价及应用体系逐步形成并走向完善。

水生态健康评价发展历程大体可以分为三个阶段。第一阶段主要是利用水生生物的生物学和生态学属性信息进行水体评价。20 世纪初期至 50 年代，利用水生生物对河流有机污染的敏感性进行水体评价开始逐步发展，但生物种类分布受到地区和各种环境因素的限制，对于利用污水生物系统指示水体污染状况可靠性差。第二阶段主要是利用生物指数计算、模型分析等梳理统计手段开展水生态健康评价。60 ~ 70 年代反映水生生物群落结构与功能特征的生物指数（biological index，BI）、香农 – 维纳（Shannon-Wiener）多样性指数（H'）等水生生物评价指数得到了快速发展。80 年代以后，水生态评价从单一生物指数逐渐向多参数或综合参数生物指数过渡，如生物完整性指数（index of biological integrity，IBI）、鱼类集聚完整性指数（fish assemblage integrity index，FAII）、营养完整性指数（ITC）、营养硅藻指数（TDI）等，其中生物完整性指数在世界范围内应用最为广泛。此后以水生生物要素为核心，综合考虑水文、水化学、物理生境等要素的流域综合评价方法逐步形成并完善，许多国家都将其纳入流域管理中。第三阶段依靠当前不断发展的各类生物新技术方法，开始从水生生物个体水平评价水生态系统健康状况，如利用鱼类、大型底栖动物水体及水生生物体内含污量、关键生理指标活力水平进行水生态评价。此外近年基于水体环境 DNA 的水生态健康高效监测评价技术开始得到发展，目前这一研究方向刚刚起步，在评价指标、评价标准等许多方面还需要不断完善。

欧美发达国家从 20 世纪 50 ~ 60 年代起，一直以水化学指标作为河流生态系统保护的主要目标，近 30 年来逐渐从水体化学指标的保护向水生态系统保护转变，并开展了大量水生态保护目标的研究工作，如美国的《清洁水法》和欧盟的《欧盟水框架指令》（EC，2000；Brack et al.，2016；EPA，2016；Rossberg et al.，2017）。我国未来一段时间内将从水体污染控制向水生态管理转变，而水生态保护目标的制定技术长期滞后，在很大程度上制约了水生态管理技术的应用和发展（高俊峰等，2017）。目前大量的研究已经证明，单纯从水质角度来评估和检测流域生态系统的健康，并不能达到良好的效果，只有维持流域生态系统结构和功能的完整性，即具有健康的水生生物群落和良好的物理化学条件，才能实现河流湖泊的真正健康（Brack et al.，2016；高俊峰等，2016；Rossberg et al.，2017）。因此，水生态系统保护目标的研究，应当是针对水生态系统完整性的保护和恢复，包括水生生物完整性、水体化学完整性和河流物理完整性三个主要方面（Working Group 2A，2003；Hering et al.，2010；Andersen et al.，2016）。因此必须首先确定水生态系统完整性的参照条件，在此基础上结合技术、经济以及人类需求，确定水生态系统的保护目标。目前，中国的河流水生态保护只能够参照地表水或者地下水环境标准确定目标，这显然是不合适的，水生态系统究竟修复到何种水平，不能仅仅用化学指标进行评价，需要从生态系统的角度进行衡量，要充分考虑水生态系统、水化学以及河流栖息地的背景特征（高俊峰等，2016）。

1972 年，美国通过的《清洁水法》第一条明确提出，将恢复和维持水体的物理、化学、生物完整性作为长期目标。为此，EPA 经过多年的努力，开发了 Biological Condition Gradient（BCG）模型，编制了框架指南文件，用于指导各州制定具体的水生态保护目标（EPA，2016）。BCG 模型应用时，在分区和分类的基础上，基于详尽的自然地理、水文水资源、水环境、水生生物、土地利用等数据库，建立关键环境压力与生态指标之间的响应关系模型，进而确定不同水体的水生态保护和恢复目标。例如，明尼苏达州建立了底栖动物和鱼类完整性指数与人类干扰指数的定量响应关系，评价了水生态系统的健康状态，并根据功能定位差异制定了不同水体的保护目标。目前，BCG 模型广泛应用于美国溪流的水环境管理工作，但在其他类型水体的适用性还需要进一步验证。

欧盟在各成员国已有的研究基础上，于 2000 年制定《欧盟水框架指令》，明确提出要保护和提高水生态系统健康等级（EC，2000）。《欧盟水框架指令》以水生生物为核心，提出了包括生物质量要素（biological quality elements）、水文形态要素（hydromorphological elements）和水体理化要素（physicochemical elements）共三大类的水生态质量评价体系。要求基于水生态区和水体类型确定水生态质量的参照状态，根据各要素与参照状态的差异将水生态质量划分为优、良、中、差、劣五个等级，规范了不同等级各要素的标准。同时期望能够在 2027 年实现水生态系统达到“良”的状态，流域管理进入了以水生态系统为核心的阶段（Birk et al.，2012；Pardo et al.，2012；Caroni et al.，2013）。

目前我国正处在从传统的水质管理向水生态管理转变的关键阶段，水生态管理除保护水资源的利用功能外，还需要保护水生态系统结构和功能的完整性，实现水质目标向水生态目标管理的转换。因此急需在吸收国外成果的基础上，研发水质指标与水生态指标的定量响应关系确定技术，以及适合我国本土的水生态健康评价和保护目标制定技术，并在示范区进行稳定性、适应性等验证。

1.2.3 功能区土地利用优化与空间管控技术

土地利用变化是水态系统退化的主要驱动力之一，它改变了流域营养物富集、颗粒物沉降、水文情势、栖息地环境等生态过程，继而对水生态系统产生影响（赵彦伟等，2010；傅伯杰和张立伟，2014）。这种影响广泛而深远，控制和治理的难度也很大，但土地利用又是流域的最可控因子之一，合理的土地利用方式可以改善和恢复河流水文生境，减少污染输出，转化和拦截陆地污染物进入水体（刘瑞民等，2006；Wang et al.，2009）。因此，流域土地利用变化的水生态环境响应关系以及如何根据水生态环境响应对流域土地利用进行优化和调控成为当前的研究热点。

土地利用对河流水生态的影响主要体现在水质、水生生物等方面：①土地利用对水质的影响。20 世纪 60 年代以来，发达国家由控制点源污染转向非点源污染的研究与治理，70 年代国外学者开始关注人类土地利用活动对水库、湖泊、河流等水体水质的影响。早期的研究主要通过实地取样定性考察土地利用类型污染物输出的差异，这一阶段的研究大多通过对典型样区实地监测而获取数据，探讨土地利用类型与水质之间的相关关系。同时早期的研究对不同的土地利用类型对水质的影响有了基本的定性判断。20 世纪 90 年代以来，随着 RS、GIS 和多元统计技术的发展，国内外学者开始综合分析土地利用与水质的相互关系（张博等，2016）。②土地利用对水生生物的影响。人类活动在很大程度上影响着河流的生态环境，特别是河岸带土地利用类型的改变，严重影响了河流生态系统的水文过程以及水环境质量，使得河流生境栖息地质量受到严重威胁（Walters et al.，2009；李宁等，2017）。而河流生境栖息地质量与河流中的水生生物密切相关，是水生生物生存与繁衍的重要保证（Zhao et al.，2015）。频繁的人类活动使得河岸带土地利用类型发生重大改变，最为明显的特征是森林用地面积不断减少、农业和城镇建设用地面积不断增加，这些改变均会对栖息地的复杂性和异质性产生影响，进而使水生生物群落结构发生改变。目前有关土地利用对于水生生物的影响研究，主要是采用回归分析、典型对应分析、冗余分析（redundancy analysis，RDA）等统计学方法，将土地利用指标作为自变量，水生生物的生态学指数作为因变量进行分析。研究主要关注城镇建设用地、农业用地与自然用地三大土地利用类型的面积比例、空间布局与水生生物的关系，以及不同土地利用类型下的水生生物类型（Liu et al.，2010；高欣等，2015）。

土地利用空间优化是复杂的多目标优化问题，需要根据区域土地的自然属性及社会经济状况，对各类用地进行数量分配和空间布局，实现社会、经济发展与生态环境保护等多目标的协同优化。土地利用优化也是提高土地利用效率、促进土地资源可持续利用的紧迫任务。随着数学的应用和模型的发展，20世纪90年代之后，土地利用优化的研究从单目标向多目标转变，从数量向空间布局转变。目前，以提高生态系统服务价值来进行土地利用优化配置的研究成为目前热点，有学者开展了基于生态系统服务价值的土地利用结构优化（多玲花，2015；邱伟彦，2015；段新辉，2016）的研究，郭小燕等（2016）以生态系统服务价值作为适宜度函数，利用改进的混合蛙跳算法建立了土地优化模型，为兰州市建立生态型、发展型、综合效益型三种优化方案奠定了基础。众多学者采用灰色理论、遗传算法、神经网络、系统动力学等多种数学方法开展了土地利用数量结构优化研究，以及应用GIS、RS等空间分析技术进行土地利用空间优化布局的研究（谢鹏飞等，2015）。空间优化布局常见的方法有利用CA-Markov模型模拟城市扩张的土地利用，利用CLUE-S模型（蔡玉梅等，2004；梁友嘉等，2011；冯仕超等，2013；李鑫等，2015）、Dyna-CLUE模型模拟土地利用和景观的未来动态，利用FLUS模型对土地利用变化进行情景预测。杨桂山等（2008）利用元胞自动原理在土地利用格局的反演上以及遗传方法在复杂空间优化上的优势，构建了一个新的城市土地利用空间优化模型，并以兰州市为例对土地利用进行了空间优化配置。高小永（2010）、莫致良等（2017）采用多目标或者多目标扩展的蚁群算法实现土地利用空间优化，此外还有一系列的多智能体的空间优化模型模拟（张鸿辉等，2011）。

1.2.4　水生态承载力评估与调控技术

水生态承载力由种群承载力（1922年）、人口承载力（20世纪40年代）、资源承载力（20世纪70年代）、环境承载力（20世纪90年代）、生态承载力（21世纪初）等研究逐步演变而来（柴淼瑞，2014）。1922年，Hadwen与Palmer在研究驯鹿种群的生态影响时首次明确提出种群承载力的概念，即种群承载力是在不损害牧场的情况下，一个牧场所能供养牲畜的最大数量。1949 年，Allen 首次正式提出“人口承载力”，即一个地区在一定的技术条件和消费习惯下，在不引起环境退化的前提下，永久支持的最大人口数量。1953 年，Odum 首次将承载力概念与逻辑斯谛方程联系起来，赋予了承载力明确的数学形式。20 世纪 70 年代开始，联合国粮食及农业组织（Food and Agriculture Organization of the United Nations，FAO），联合国教育、科学及文化组织（United Nations Educational Scientific and Cultural Organization，UNESO），经济合作与发展组织（Organization for Economic Co-operation and Development，OECD）针对资源短缺在全球许多国家或地区的蔓延问题，共同提出了“资源承载力”的概念（党丽娟和徐勇，2015）。此后，承载力研究沿着可持续发展这条主线在认识的广度和深度上都有不同的拓展，其概念内涵和外延在资源、环境、生态等方面都得到了不同程度的丰富和发展。

国内外针对水生态承载力的研究起步都相对较晚，且国外关于该方面的研究较少，方向与重点也与国内差异较大，多偏向于生物生态和可持续发展（Bacher et al.，1997；Rajaram and Das，2011；Byron et al.，2011；Marzin et al.，2012）；国内研究则更加注重水质、水量与人口、经济、区域发展协调等问题，以缓解当前我国社会发展对水生态产生的压力。水生态承载力是国内近年来提出的面向水生态系统与经济社会协调发展，涵盖水量、水质、水生态综合要素的承载力理念，是未来流域综合管理的理论与技术支撑。为此，“十一五”以来国家水体污染控制与治理科技重大专项特别针对水生态承载力基础理论、评价方法、调控技术等方面展开研究并取得系列研究成果（李靖和周孝德，2009；王西琴等，2011；刘子刚和蔡飞，2012；彭文启，2013；杨俊峰等，2013；李林子等，2016；孙佳乐等，2018；张远等，2019a）。水生态承载力在“十一五”和“十二五”期间大多是指维持水生态健康的河湖生态系统所能承载的社会经济发展规模阈值（包括经济总量、人口数量），“十三五”期间则从水生态系统性和服务功能完整性角度，提出水生态承载力是在一定发展阶段、一定技术水平条件下，某空间范围内的水生态系统在维持自身结构和功能长期稳定、水生态过程可持续运转的基础上具有的为人类社会活动提供生态产品和服务的能力（张远等，2019b）。

目前我国学者在水生态承载力研究中使用最多也较为成熟的方法有指标体系法、系统动力学法、计算智能法，此类方法在后期应用研究中大量辅以情景分析法进行承载力预测和调控分析。相比之下，水生态承载力调控技术较为滞后，目前的调控技术主要针对产业结构优化调整，从“污染减排”角度建立基于系统动力学的水生态承载力系统模型，对流域水生态过程考虑较少，未真正基于水生态–经济社会复合系统完整性建立水生态承载力综合调控。未来依托流域水生态-经济社会复合系统要素间内在关系，建立水生态承载力优化调控系统模型，研究提出“生态增容”和“污染减排”的承载力优化调控技术，是承载力研究的热点方向。

1.3　技术体系框架

流域水生态功能分区与健康管控技术以“功能分区—生态评价—目标制定—空间管控—承载力调控”为主线，技术步骤包括：①开展水生态功能分区，识别水生态区域差异规律，为水生态监测点位布设提供依据，制定区域化的水生态健康评价指标和标准；②以不同区域水生态功能保护为目标，结合水生态现状和社会经济可承受程度制定阶段性水生态保护目标；③以保障水生态目标实现为依据，从水陆统筹、三水统筹提出空间管控和承载力调控措施（图 1-1）。

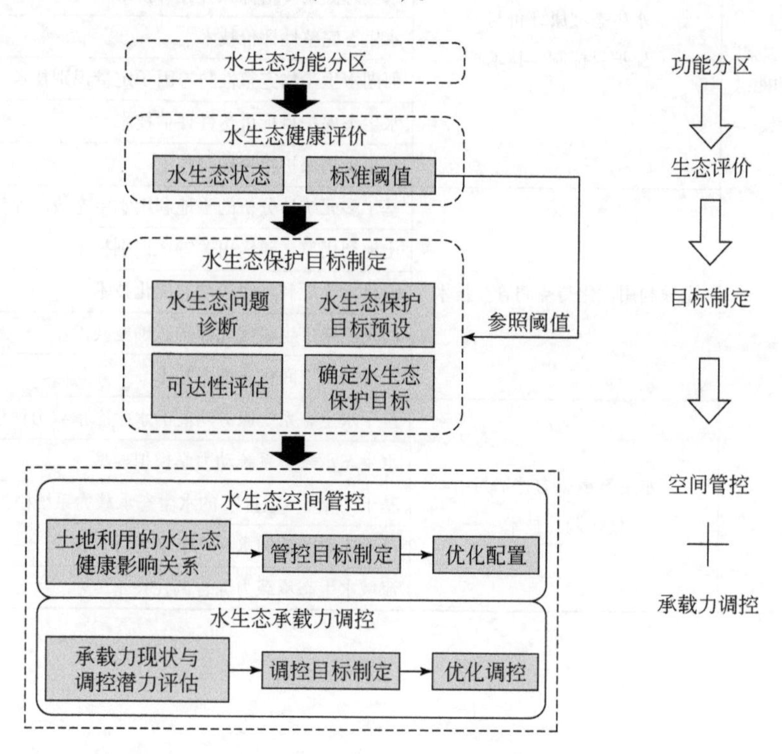

图 1-1　流域水生态功能分区与健康管控技术路线

通过“十一五”以来技术成果整理、评估、验证与突破完善，系统集成了水生态功能分区与健康管控技术体系（表 1-1），包括水生态功能分区、水生态健康评价与保护目标制定、土地利用优化与空间管控、水生态承载力评估与优化调控 4 类 24 项关键技术。

表 1-1 水生态功能分区与健康管控技术体系

成套技术	关键技术	关键技术名称
流域水生态功能分区管理技术	流域水生态功能分区技术	流域生境要素空间异质性分析技术
		物种/群落分布生境模拟识别技术
		基于水陆耦合关联度分析的指标筛选技术
		河流生境分类技术
		水生态功能区空间定量聚类划分技术
		水生态功能分区校验技术
		水生态功能综合评价技术
	水生态健康评价与保护目标制定技术	基于压力状态响应的水生态健康评价指标筛选技术
		水生生物评价指标参照状态确定技术
		水生态健康多指标综合评价技术
		水生态完整性评价技术
		河湖水生生物完整性胁迫因子定量识别技术
		水生态保护目标可达性评估技术
		水生生物保护物种确定技术
	土地利用优化与空间管控技术	基于多元统计分析的土地利用水生态效应评估技术
		土地利用氮、磷输出关键区识别技术
		多目标土地利用数量动态优化技术
		河湖滨岸带生境优先保护区确定技术
		土地利用空间优化配置技术
	水生态承载力评估与优化调控技术	基于水生态系统服务功能的水生态承载力评估诊断技术
		水生态承载力系统动力学模拟模型
		基于“增容-减排”的水生态承载力系统模拟模型
		基于连通函数的水文调节潜力评估技术
		流域水生态承载力综合调控技术

第2章 水生态功能分区关键技术

2.1 概 述

(1) 技术简介

水生态功能区是指具有相对一致的结构、组成、格局、过程和功能的水体及陆域组成的区域单元。水生态功能分区是在研究水生态系统结构、过程和功能的空间分异规律基础上，于不同尺度上主要采用气候、土壤、水系结构、水生境、水生物等代表性指标，自上而下逐级划分或者自下而上空间聚类而形成。

基于太湖、辽河、赣江等10个重点流域水生态监测数据，利用地统计学等分析手段，识别流域水生态系统空间异质性和尺度特征，并将该方法推广应用于全国水生态系统尺度效应分析，集成创新提出了我国水生态功能分区可包括地理区-流域区-单元区三个层级，进一步梳理形成涵盖地理区、流域区、单元区由大到小等级嵌套的8级分区体系。在全国水生态功能分区体系下，开展不同尺度水生态功能区划分，包括流域生境要素空间异质性分析技术、物种/群落分布生境模拟识别技术、基于水陆耦合关联度分析的指标筛选技术、河流生境分类技术、水生态功能区空间定量聚类划分技术、水生态功能分区校验技术、水生态功能综合评价技术7项关键技术。

(2) 技术路线

根据影响水生生物物种组成、群落结构的生境要素，划定水生态功能区空间单元。首先，识别不同尺度水生态系统的差异特征；其次，分析影响不同尺度区域差异的生境驱动要素；最后，选择影响水生态系统的主导生境要素开展水陆一体化划分。主要技术步骤包括水生态空间异质性分析、水生态功能分区指标筛选、水生态功能区定量划分和水生态功能评价四步（图2-1）。

A. 水生态空间异质性分析

水生态空间异质性分析是水生态功能分区的基础。在区划指标选取前，需要对流域水生生物、自然因素和环境条件进行特征分析，找出水生态系统的空间分异规律，

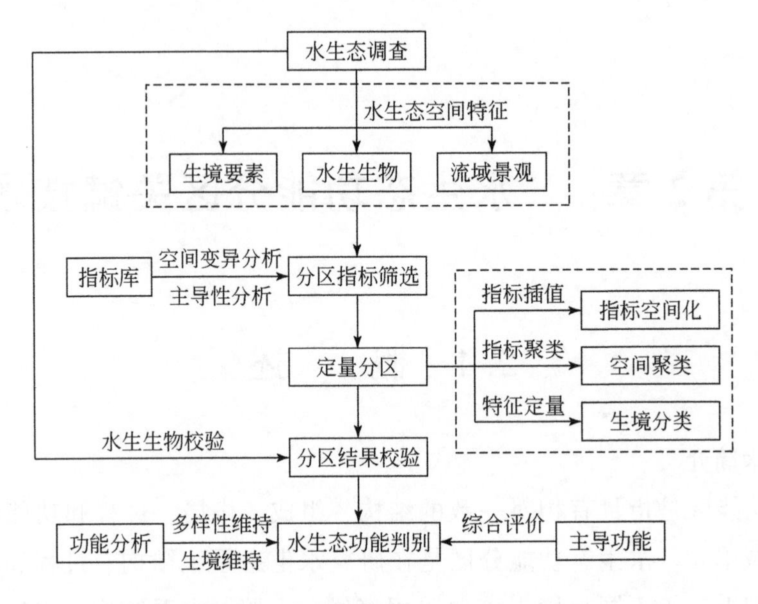

图 2-1　水生态功能分区总体技术路线

以此作为分区指标筛选的重要依据。水生态空间异质性分析包括水生生物、生境要素和生境格局三类要素。水生生物空间异质性分析主要根据流域内不同空间位置的水生生物指标，通过聚类分析、空间分析和图示等方法，揭示水生态特征空间尺度上的格局变化规律。对于有水生生物调查的区域，可直接使用水生生物调查进行空间异质性分析；对于水生生物数据缺乏的区域，可基于物种/群落分布生境模拟技术识别水生生物潜在分布区，在此基础上开展空间异质性分析。生境要素的空间异质性分析主要是通过定性、定量分析，识别环境因子空间分布变化的格局特征，为水生态功能分区的指标筛选提供依据。

B. 水生态功能分区指标筛选

不同流域具有不同的水生态空间分异特征。根据不同层级水生态功能分区的驱动要素，结合各流域的自身特点，在生境要素空间异质性分析基础上，以专家判断和空间变异相结合的方法选取流域内空间差异性大的因子，并作为备选因子。将备选因子通过主成分分析、相关性分析等统计学方法，去除冗余信息，通过水陆要素关联分析，筛选出对水生态功能的影响起主导作用的指标。

C. 水生态功能区定量划分

水生态功能区定量划分主要包括分区指标的聚类划分及分区结果的校验两个核心步骤。

分区指标聚类划分是指通过空间插值将确定的分区指标空间化处理，根据确定的指标体系，大中尺度分区主要为流域指标，将分区指标标准化后采用自上而下方法进行综合多元聚类，形成空间聚类单元；小尺度分区首先需要对河流进行分类，在河流分类的基础上自下而上进行聚类划分。

水生态功能分区主要反映了水生生物的区域差异特征，根据水生生物群落分布结果可以验证分区结果的合理性。因此，基于数学统计、聚类分析、去趋势对应分析（detrended correspondence analysis，DCA）等方法，对鱼类、底栖动物、藻类等不同类群水生生物群落分布相似性进行聚类分析，将生物聚类结果与水生态功能分区格局进行对比，是确保分区结果与所选分区技术的科学性和合理性的重要依据。

D. 水生态功能评价

在水生态功能分区基础上，进一步判别每个分区的生态系统功能特征，可为水生态健康保护修复目标的制定提供科学依据。针对水生态系统功能的保护需求，重点研发水生生物多样性维持功能和水生生境维持功能两大定量评价技术，围绕“三水”（水质、水量、水生态）管理，提出涵盖水文支持功能、水环境净化功能、水生生物多样性维持功能和水生生境维持功能的水生态功能综合评价技术，作为识别各分区水生态功能等级、主导功能的判别依据。在数据较多的区域，可通过定量方法进行功能判别，对于数据较少的区域，可根据专家经验、文献调研的方法进行功能评估。

2.2 关键技术

2.2.1 流域生境要素空间异质性分析技术

（1）技术简介

水生态功能分区反映了地貌、地形、气候、水文、土壤、植被以及人类影响因子间的作用关系，这些因子在不同尺度上相互作用，共同决定着境内河流的水文、河道形态、基质类型等物理及水化学特征，从而进一步影响水生生物群落的分布和结构，最终导致水生态系统的类型差异，因此必须注重生境要素在空间上的异质性。本技术利用地统计学方法，对水生态系统的地貌、地形、气候、水文、土壤、植被、土地利用等生境要素开展空间异质性分析，分析区域环境要素现状和趋势，并探讨其空间分布规律，为水生态功能分区的指标选取提供依据。本技术适用于大尺度水生态功能分区指标筛选。

（2）技术原理

空间异质性是指系统或系统属性在空间上的复杂性和变异程度。两个相距很近的观测点的数据要比相距较远的点上的观测数据接近，距离越小，两点间数值越接近；反之，两点间的数值差异就越大。因此，两点间距离决定了两点间数值差异的大小。这种数值随着距离变化的现象在地统计学中称为空间连续。

环境要素在点 X 与 $X+h$（h 为空间距离）处的数值 $Z(x)$ 与 $Z(x+h)$ 具有某种程度的自相关，而这种自相关程度采用半变异函数来描述。随着采样点间隔距离 h 的增大，半变异函数逐渐达到一个相对稳定的常数（基台值），这时的采样点间隔距离（变程）即该环境要素的空间自相关距离。当半变异函数值超过基台值，函数值不随采样点间隔距离而改变时，空间相关不存在。变程表示在某种观测尺度下空间相关性的作用范围，在变程范围内，样点间隔距离越小，其相似性，即空间相关性越大。因此，通过以半变异函数为核心的插值模型可完成对流域环境要素的空间异质性分析。

（3）技术工艺流程

流域生境要素空间异质性分析技术路线为“空间数据库建立—子流域划分及数据库建立—数据正态分布检验—模型建立及交叉验证—空间异质性特征分析”等步骤(图 2-2)。

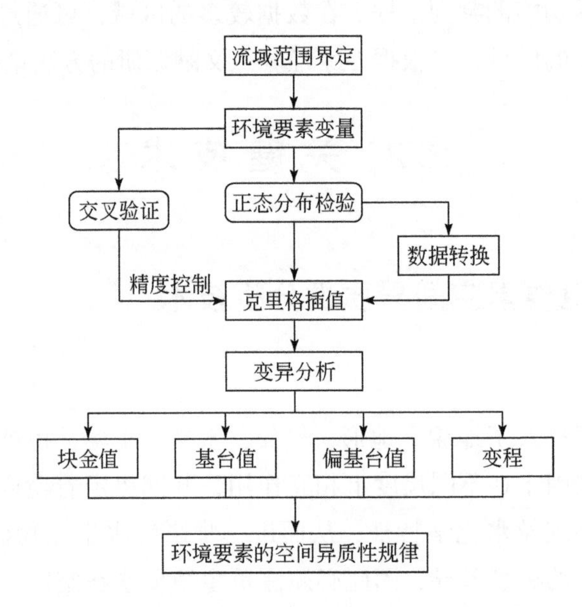

图 2-2　流域生境要素空间异质性分析技术路线

具体步骤如下：①建立空间数据库。在开展流域环境要素空间异质性研究之前，首先需要对数据进行空间化，建立空间数据库。由于涉及的生境要素比较多，不同要素的空间化途径和方法有所区别。②建立子流域划分及数据库。基于 DEM 的流域信息对子流域进行提取，子流域提取完成后，提取每个子流域的环境要素信息，建立子流域空间数据库，为开展子流域环境要素空间异质性探讨及基于子流域的水生态功能分区提供基础。③数据正态分布检验。地统计学分析样本数据必须满足正态分布和平稳性的前提假设，因此首先需要检查数据的概率分布特征。根据 Kolmogorov-Smirnov 检验对各变量进行正态分布检验，不符合正态分布的数据进行转化。④模型建立及交叉验证。将克里格（Kriging）模型与 GIS 地统计学（Geo-statistics）方法相结合，选择克里格模型方法中的普通克里格方法开展空间插值和变异分析，采用交叉验证（cross validation）的方法来评价空间插值的精度。⑤空间异质性特征分析。根据地统计学模型分析结果，对环境要素的空间异质性格局进行分析。

（4）核心技术方法和参数

A. 数据正态分布检验及转换

在地统计学分析中，样本数据必须满足正态分布和平稳性的前提假设，对不符合正态分布假设的数据，应对数据进行变换，转化为符合正态分布的形式，并尽量选取可逆的变换形式，最后通过以区域化变量为基础的克里格插值方法，对这些数据进行最优无偏内插线性估计。因此需要检查数据的概率分布特征。根据 Kolmogorov-Smirnov 检验对各变量进行正态分布检验。如果数据是偏态分布，即向一边倾斜，可以选择数据变换使之服从正态分布，常用的变换函数包括对数变换、平方根变换、倒数变换、平方根反正弦变换等。调用 ArcGIS 的 Explore Data 模块，利用 Histogram 工具、Normal QQ plot 等工具对采样空间的数据分布进行分析，从其图像上找到这些环境数据在空间分布上存在的一些异常值，剔除异常值。如果在直方图或正态 QQ 图中数据都没有显示出正态分布，那么就有必要在应用某种克里格插值之前对数据进行转换，使之服从正态分布。

B. 模型建立

克里格插值方法是一种广义的线性回归方法，又称空间局部插值法，以半变异函数理论和结构分析为基础，在有限区域内对区域化变量进行无偏最优估计。

1）半变异函数。半变异函数又称半变差函数、半变异矩，是地统计学分析的特有函数。区域化变量 $Z(x)$ 在点 X 与 $X+h$ 处的数值 $Z(x)$ 与 $Z(x+h)$ 差的方差的一半称为区域化变量 $Z(x)$ 的半变异函数，记为 $r(h)$，$2r(h)$ 称为变异函数。具体表示为

$$r(h)=\frac{1}{2N(h)}\sum_{i=1}^{N(h)}\left[Z(x_i)-Z(x_i+h)\right]^2 \tag{2-1}$$

式中，$r(h)$ 称为半变异函数；$Z(x)$ 为区域化随机变量，满足二阶平稳假设；h 为两样本点空间分隔距离；$Z(x)$ 为在空间点 x_i 处的样本值；$Z(x_i+h)$ 为 $Z(x)$ 在 x_i 处距离偏离 h 的样本值（$i=1, 2, \cdots, N(h)$）；$N(h)$ 为分隔距离 h 时的样本点对总数。

2）变异分析。半变异函数和协方差函数都将统计相关性的强弱作为距离函数来测量，是地理学相近相似定理的定量化。半变异值随着距离的加大而增加，协方差随着距离的加大而减小。当两事物彼此距离较小时，它们是相似的，因此协方差值较大，而半变异值较小；反之，协方差值较小，而半变异值较大。此外，协方差函数和半变异函数随着距离的加大基本呈反向变化特征，它们之间的近似关系表达式为

$$r(h) = \text{Sill} - C(h) \tag{2-2}$$

式中，$r(h)$ 为半变异函数；Sill 为基台值；$C(h)$ 为协方差；h 为两样本点空间分割距离。

半变异函数曲线图和协方差曲线反映了一个采样点与其相邻采样点的空间关系。此外，它们对采样点具有很好的探测作用，在 ArcGIS 地统计分析模块中可以使用两者中的任意一个，一般采用半变异函数。在半变异曲线图中有两个非常重要的点：间隔为 0 时的点和半变异函数趋近平稳时的拐点，由这两个点产生 4 个相应的参数：块金值（Nugget）、基台值（Sill）、偏基台值（Partial Sill）和变程（Range）。

空间相关性的强弱可由 Nugget/Sill 来反映，称为基底效应，表示样本间的变异特征。如果该比值较高，说明随机部分引起的空间异质性程度起主要作用，反之则说明结构性因素（自然因素）引起的空间变异性程度较高。如果比值小于 25%，说明系统具有强烈的空间相关性；如果比例在 25% ~ 75%，表明系统具有中等的空间相关性；如果比值大于 75%，说明系统空间相关性很弱。

C. 交叉验证

本技术拟选择克里格模型方法中的普通克里格方法。对于普通克里格插值方法，采用交叉验证的方法来评价空间插值的精度，可确定模型及相关参数值的设定是否合理。

交叉验证法首先使用全部数据来评价自相关模型，然后删除每个数据点，一次一个，并预测该点的值，将所有预测值与观测值进行比较，用计算的统计量可以对模型做出正确评价。具体依据是：如果变异函数取值正确，那么预测误差的平均值（Mean）就应该比较小，其绝对值应该接近于 0。

$$\text{Mean} = \frac{1}{n}\sum_{i=1}^{n}[Z(x_i) - Z^*(x_i)] \tag{2-3}$$

相似地，平均标准差（Mean Standardized）绝对值接近于 0。

$$\text{Mean Standardized} = \frac{1}{n}\sum_{i=1}^{n}\frac{Z(x_i) - Z^*(x_i)}{\delta^*(x_i)} \tag{2-4}$$

预测误差的均方根（Root-Mean-Square）应该尽可能小，接近于平均预测标准差

(Average Standard Error)，并且预测标准均方根误差（Root-Mean-Square Standardized）接近于 1。

$$\text{Root-Mean-Square} = \sqrt{\frac{1}{n}\sum_{i=1}^{n}\left[Z(x_i) - Z^*(x_i)\right]^2} \tag{2-5}$$

$$\text{Average Standard Error} = \sqrt{\frac{1}{n}\sum_{i=1}^{n}\delta^*(x_i)} \tag{2-6}$$

$$\text{Root-Mean-Square Standardized} = \sqrt{\frac{1}{n}\sum_{i=1}^{n}\left[\frac{Z(x_i) - Z^*(x_i)}{\delta^*(x_i)}\right]^2} \tag{2-7}$$

式中，$Z(x_i)$ 为在空间点 x_i 处的样本值（$i=1, 2, \cdots, n$）；$Z^*(x_i)$ 为在空间点 x_i 处的估计值（$i=1, 2, \cdots, n$）；$\delta^*(x_i)$ 为在空间点 x_i 处的预测标准差（$i=1, 2, \cdots, n$）。

（5）技术创新点及主要技术经济指标

新近发展的克里格方法与 GIS 地统计学方法的结合，满足了处理强大空间数据的管理功能和可视化表达的要求，更加完善了地统计学的空间分析功能，并且经研究证明，地统计学既考虑到样本值的大小，又重视样本空间位置及样本间的距离，弥补了经典统计学忽略空间方位的缺陷。

（6）应用案例

通过地统计学方法对辽河和太湖流域地形、地貌、水文气象、地表覆盖等方面的区域化环境要素（海拔、坡度、降水、气温、植被、植被指数等）进行分析，探讨区域化环境要素的集中离散性和空间变异性及其空间变异的尺度，为水生态分区指标的选取提供依据。

A. 辽河流域环境要素空间分布特征

选取辽河流域大尺度环境要素变量作为空间异质性分析的指标，包括海拔、坡度、日照时数、降水量、平均气温、相对湿度和归一化植被指数（normalized differential vegetation index，NDVI）。通过克里格插值，得到这些变量的半变异函数模型的主要参数（表 2-1）。

表 2-1　辽河流域大尺度环境要素变异函数模型相关参数

环境要素	模型	变程/m	步长/m	组数	趋势方向/(°)	块金值/m	偏基台值/m	基底效应
海拔	球状模型	615 205	54 581	12	352.9	60	2 175	0.026 8
坡度	球状模型	649 148	54 581	12	6.4	12.38	23.89	0.341 3
日照时数	高斯模型	11.079 5	0.934 72	12	45.3	6 418	72 821	0.080 9
降水量	高斯模型	11.079 5	0.934 72	12	57	3 070	49 039	0.058 9
平均气温	高斯模型	11.079 5	0.934 72	12	80.9	1.49	10.31	0.126 2

续表

环境要素	模型	变程/m	步长/m	组数	趋势方向/(°)	块金值/m	偏基台值/m	基底效应
相对湿度	高斯模型	11.079 5	0.934 72	12	40.5	4.65	59.98	0.071 9
NDVI	球状模型	7.851 4	0.662 38	12	88	42.72	102.59	0.294 0

从表2-1中可以看出，辽河流域各个区域环境要素的基底效应由小到大的顺序为海拔（0.0268）<降水量（0.0589）<相对湿度（0.0719）<日照时数（0.0809）<平均气温（0.1262）<NDVI（0.2940）<坡度（0.3413）。基底效应越小，表明区域结构性变异性越大；基底效应越大，表明随机性变异性越大。因此，辽河流域区域性环境要素都存在中等强度或很强的空间变异性，上述要素都适宜作为分区的备选指标，但优先次序依次为海拔、降水量、相对湿度、日照时数、平均气温、NDVI和坡度。结果表明，辽河流域海拔、降水量、平均气温和NDVI可以作为大尺度水生态分区的适宜指标。

通过对辽河流域生态环境要素分析可以发现，辽河流域生态系统环境要素呈现明显的空间异质性，根据相似性将辽河流域划分为4个类型区：第Ⅰ类型区主要包括西拉木伦河和老哈河中上游地区及相关支流；第Ⅱ类型区主要包括西辽河、西拉木伦河和老哈河中下游地区，以及辽河干流西部各主要支流；第Ⅲ类型区主要包括太子河和浑河中上游地区及其主要支流、辽河干流东部各主要支流；第Ⅳ类型区主要包括太子河干流和浑河干流中下游地区、辽河干流地区及东辽河全流域。

B. 太湖流域环境要素空间分布特征

选取太湖流域大尺度环境要素变量作为空间异质性分析的指标，包括海拔、坡度、日照时数、降水量、平均气温、相对湿度和NDVI。通过克里格插值，得到这些变量的半变异函数模型的主要参数，见表2-2。

表2-2　太湖流域大尺度环境要素变异函数模型相关参数

环境要素	模型	变程/m	步长/m	组数	趋势方向/(°)	块金值/m	偏基台值/m	基底效应
海拔	球状模型	216 983	19 112	12	305.7	276.3	392.5	0.413
坡度	球状模型	217 033	19 112	12	297	5.4	14.9	0.266
日照时数	球状模型	4.527 24	0.381 94	12	287.3	4 500	12 784	0.260
降水量	指数模型	4.527 24	0.381 94	12	289.5	0.005	0.035 346	0.123
平均气温	指数模型	2.847 87	0.240 26	12	329.5	1.2	3.51	0.254
相对湿度	球状模型	4.527 24	0.381 94	12	288.8	0.97	3.04	0.242
NDVI	指数模型	1.428 32	0.120 5	12	314.6	159.1	1 202.5	0.117

从表2-2中可以看出，太湖流域各个区域环境要素的基底效应由小到大的顺序为

NDVI（0.117）<降水量（0.123）<相对湿度（0.242）<平均气温（0.254）<日照时数（0.260）<坡度（0.266）<海拔（0.413）。基底效应越小，表明区域结构性变异性越大；基底效应越大，表明随机性变异性越大。因此，太湖流域区域性环境要素都存在中等强度或很强的空间变异性，上述要素都适宜作为分区的备选指标，但优先次序依次为NDVI、降水量、相对湿度、平均气温、日照时数、坡度和海拔。结果表明，太湖流域NDVI、降水量和海拔可以作为大尺度水生态分区的适宜指标。

通过对太湖流域生态环境要素分析可以发现，太湖流域生态系统环境要素呈现明显的空间异质性，根据相似性将太湖流域划分为4个类型区：第Ⅰ类型区主要包括太湖西北；第Ⅱ类型区主要包括太湖湖体；第Ⅲ类型区主要包括太湖东南区域；第Ⅳ类型区主要包括西南部流域。

2.2.2 物种/群落分布生境模拟识别技术

（1）技术简介

水生生物调查是识别水生态系统区域差异特征的重要环节，由于野外采样局限性和经济成本考虑，无法覆盖全流域。同时我国水生态系统普遍退化严重，受环境因素的影响，部分水生生物灭绝，在制定保护目标时识别需恢复或重现的保护物种所在区域存在较大难度。水生生物物种/群落分布模型近年来广泛应用于预测物种/群落分布及潜在适宜性生境评价等研究中。研究人员在国内外水生生物分布预测模型基础上，提出了基于逻辑斯谛回归模型和基于RIVPACS模型的物种分布模拟识别技术，研究成果为水生生物空间特征识别和保护目标的制定提供了技术支撑。本技术适用于水生生物潜在分布区域的识别。

（2）技术原理

水生生物物种/群落分布生境模拟主要基于应用统计模型，在水生生物物种和群落的区域差异及环境因子的响应关系模拟基础上，将水生生物分布数据和环境变量进行归纳总结，解释两者的内在联系，并对物种/群落潜在分布特征进行预测。同机理模型不同，统计模型不受水生生物生理机制的驱动，也不需要考虑生物间竞争和协调作用对分布的影响。

（3）技术工艺流程

1）基于逻辑斯谛回归模型的物种分布预测技术流程如图2-3所示：①对数据进行收集整理，剔除偶见种（一般出现频率<5%的物种），减少预测误差。②构建预测变量候选指标体系，为了预测鱼类物种潜在分布范围，所选用的指标尽量使用不受人类

干扰影响的指标，如地理位置、海拔、坡降、河流等级、河宽、距入海口距离等。根据指标的尺度性状，分不同尺度进行总结归类。③环境因子之间的相关性分析。通过相关性分析，剔除相关性较高的环境因子，保留无相关性的环境因子，并作为模型建立的因子变量。④物种数据转换。将原始物种数据矩阵转换为0-1矩阵，出现为1，不出现为0。⑤模型建立，通过环境和物种矩阵之间的相关性分析，建立针对每个物种出现频率的逻辑斯谛回归方程。⑥物种出现频率预测。将各物种回归方程中涉及的环境变量代入方程，进行出现频率的预测。

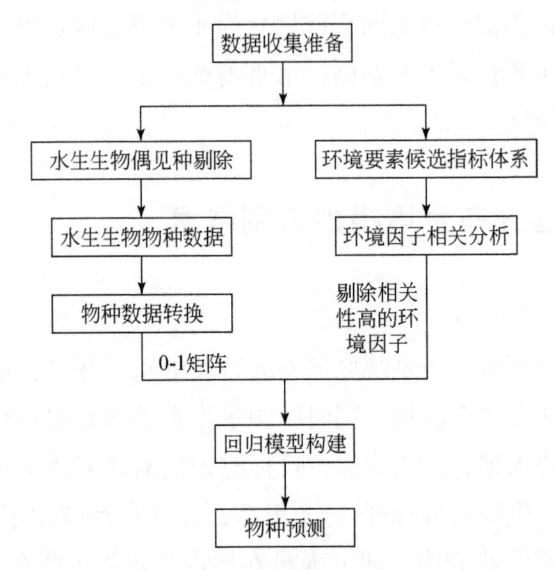

图 2-3　基于逻辑斯谛回归模型的物种分布预测技术流程

2）基于 RIVPACS 模型的物种分布预测技术流程如图 2-4 所示：①样点的筛选。筛选出几乎不受人类活动干扰或受人类活动干扰较低的样点，并从中随机筛选出大部分样点，作为模型构建的参照样点，其余部分作为模型构建的验证样点。在本研究中，将鱼类生物完整性指数（F-IBI）评价中的健康样点作为模型构建的参照样点和验证样点。②生物类群聚类分析。利用 Bray-Curtis 相异系数计算参照样本生物群落的相似性，并根据相似性结果进行类群分组。③筛选环境变量。利用多元逐步回归分析（multiple stepwise regression analysis）筛选出影响生物群落组成的最佳环境变量，并构建对应模型。在分析前，需对环境变量进行 $\lg(x+1)$ 标准化。④利用验证样点验证参照样点的预测准确度。⑤样点期望值计算。物种 i 在样点 j 的分布概率 P_i 等于样点 j 属于各组的概率 Q_j 与物种 i 在各组中出现概率 q_{ij} 的乘积之和，即

$$P_i = \sum_{j=1}^{N} Q_j q_{ij} \tag{2-8}$$

式中，N 为分组数；Q_j 为监测样点 j 在各组中的概率值；q_{ij} 为物种 i 在各组中的出现概率。

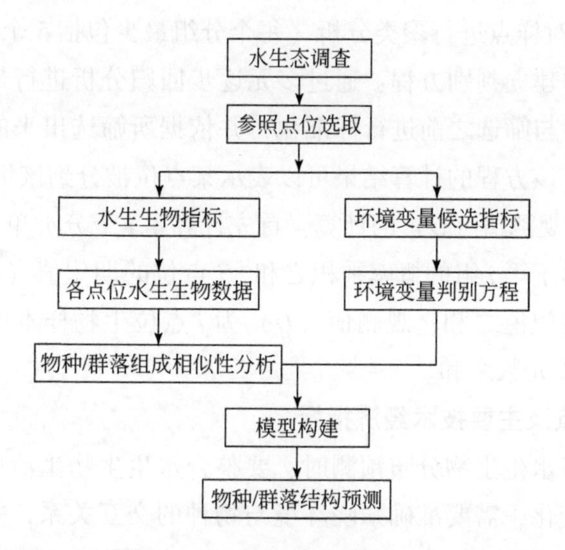

图 2-4　基于 RIVPACS 模型的物种分布预测技术流程

上述分析计算均利用 R3. 03 语言分析软件完成。

(4) 核心技术方法和参数

A. 逻辑斯谛回归分析技术

逻辑斯谛回归方程主要是在一个因变量和多个自变量之间形成多元回归关系，从而预测任何一块区域某一事件的发生概率。逻辑斯谛回归的优势在于进行统计分析时，自变量可以是连续的，也可以是离散的，同时没有必要满足正态分布。而一般的多元统计分析模型中，变量必须满足正态分布。

在逻辑斯谛回归分析中，因变量 Y 是一个二分类变量，其取值 $Y=1$ 和 $Y=0$，分别代表物种的出现和不出现。影响 Y 取值的 n 个自变量分别为 X_1，X_2，…，X_n，在 n 个自变量作用下滑坡发生的条件概率为 $P=P(Y=1 \mid X_1, X_2, \cdots, X_n)$，则逻辑斯谛回归模型可表示为

$$Z_i = a_0 + a_1 X_{i1} + a_2 X_{i2} + \cdots + a_n X_{in} \tag{2-9}$$

$$P_i = \frac{1}{1+\exp(-Z_i)} \tag{2-10}$$

式中，Z_i 为中间变量参数；a_0 为回归常数；a_i 为第 j 个变量的回归系数（i，$j=1$，2，…，n）；X_{ij} 为第 i 个点位中第 j 个变量的取值，物种出现取值为 1，不出现取值为 0；P_i 为第 i 个点位中物种出现概率的回归预测值（$i=1$，2，…，n）。

B. RIVPAS 模型构建技术

参照样点分组：对所有参照样点水生生物的群落组成相似性进行分析，计算 Bray-Curtis 相似系数，并对样点进行聚类分析（每个分组最少包括 5 个样点）。

筛选环境变量并建立判别方程：通过多元逐步回归分析进行最佳解释环境变量的筛选，在环境变量参与筛选之前进行标准化，并依据所筛选出来的环境变量建立每一个分组的判别方程，该方程的计算结果可以表示某点位被分到该组的概率。

期望值（E）和观测值（O）的计算：首先计算第 i 个分类单元在第 j 组的出现概率，再计算同样点属于第 j 组的概率乘积之和，j 点位的期望值（E）为发生概率大于 50% 的分类单元的期望值之和；观测值（O）为 j 点位生物样本中可观测到的发生概率大于 50% 的分类单元数之和。

（5）技术创新点及主要技术经济指标

运用机理模型对水生生物分布预测时，要整合水生生物生活史、对环境的耐受范围及水环境的动态变化，需要准确知晓环境与物种的交互关系，并准确评估在一系列环境条件下目标物种的响应机制，因此难以将某一物种的机理模型推广到其他物种，制约了模型的普适性。统计模型克服了机理模型的这一操作难度，通过建立水生生物和环境变量的响应关系，可实现对潜在分布生境的快速模拟，具有广泛的普适性。

（6）应用案例

采用逻辑斯谛回归模型的物种分布模拟技术和 RIVPACS 模型对辽河流域鱼类分布进行了预测。以浑太河沙塘鳢潜在分布预测为典型案例。

A. 基于逻辑斯谛回归模型的沙塘鳢潜在分布预测

选取流域尺度、河段尺度和样点尺度共 19 个环境变量（表 2-3），经过逐步逻辑斯谛回归分析，19 个环境变量中对沙塘鳢潜在分布有显著影响的环境变量为经度、纬度、河流等级和平均流速 4 个变量。

表 2-3　物种潜在分布预测所用环境因子

尺度类别	变量名称
流域尺度	经度、纬度、海拔、多年平均气温、多年平均降水量、上游汇水面积
河段尺度	水温、坡降、蜿蜒度、河流等级、河段长度
样点尺度	平均水深、平均流速、距入海口距离、巨砾百分含量、鹅卵石百分含量、小卵石百分含量、砂砾百分含量、泥沙百分含量

参考逻辑斯谛回归方程构建方法，浑太河流域沙塘鳢的潜在分布模型如下：

$$P=\frac{1}{1+\mathrm{e}^{-(-910.489+1482.654x_1-1356.829x_2+9.313x_3+5.616x_4)}} \tag{2-11}$$

式中，x_1、x_2、x_3 和 x_4 分别为经度、纬度、河流等级和平均流速。

通过预测模型，对已获取的环境变量数据的点位进行沙塘鳢潜在分布预测，发现潜在分布概率超过 85% 的点位基本为太子河南支点位，这与实际调查中的结果基本吻合。对 288 个点位进行预测，沙塘鳢分布概率大于 90% 的点位有 10 个，80% ~90% 的点位有 12 个，70% ~80% 的点位有 9 个，60% ~70% 的点位有 11 个，50% ~60% 的点位有 18 个，这 60 个点位可以认为是沙塘鳢潜在分布区，且该分布区可作为沙塘鳢种质资源保护的重要生境区。

以浑太河流域沙塘鳢在各调查样点的 0 ~1 分布数据为状态变量，以对应各样点的潜在分布概率为检验变量，对模型预测准确度评估。利用 SPSS 19.0 进行 ROC 曲线分析，得出沙塘鳢逻辑斯谛回归模型的 ROC 曲线和对应的 AUC 值。结果显示，沙塘鳢逻辑斯谛回归模型的 AUC 值为 0.923，显著性小于 0.001，说明浑太河流域基于逻辑斯谛回归方法所建的沙塘鳢潜在分布预测模型预测准确度较高。

B. 基于 RIVPACS 模型的沙塘鳢潜在分布预测

根据浑太河流域鱼类生物完整性指数评价结果，该流域有 66 个调查样点评价结果为健康，对上述样点按照随机的原则选择 47 个样点作为模型构建的参照样点，19 个样点作为模型准确度评价的验证样点。

根据参照样点生物类群的相似性程度，利用 Bray-Curtis 的差异性分析，对浑太河流域 47 个参照样点进行空间聚类，并根据实际聚类结果，将参照样点划分为 3 组，其中第 1 组 26 个样点，第 2 组 9 个样点，第 3 组 12 个样点（图 2-5）。

通过逐步判别回归分析的方法，筛选出 6 个环境，分别为河流等级（x_1）、多年平均气温（x_2）、平均流速（x_3）、海拔（x_4）、上游汇水面积（x_5）、泥沙百分含量（x_6），求得浑太河流域样点分组的线性判别函数：

$$y_1=0.56-0.26x_1-0.18x_2+0.09x_3-0.28x_4-0.05x_5+0.01x_6 \tag{2-12}$$

$$y_2=0.19+0.31x_1-0.08x_2+0.03x_3-0.05x_4-0.16x_5-0.09x_6 \tag{2-13}$$

$$y_3=0.25-0.05x_1+0.26x_2-0.12x_3+0.33x_4+0.21x_5+0.08x_6 \tag{2-14}$$

式中，y_1 为某样点进入第 1 组的概率；y_2 为某样点进入第 2 组的概率；y_3 为某样点进入第 3 组的概率。

根据所构建的物种分布预测模型，计算各验证样点的潜在物种分布数量，并与实际物种数量进行对比分析，以此对所构建模型预测能力进行评价。在 19 个验证样点中，预测物种数与实际调查物种数存在显著差异的样点有 5 个，即在显著水平上模型的误差为 26.32%；预测物种数与实际调查物种数存在极显著差异的样点有 3 个，即

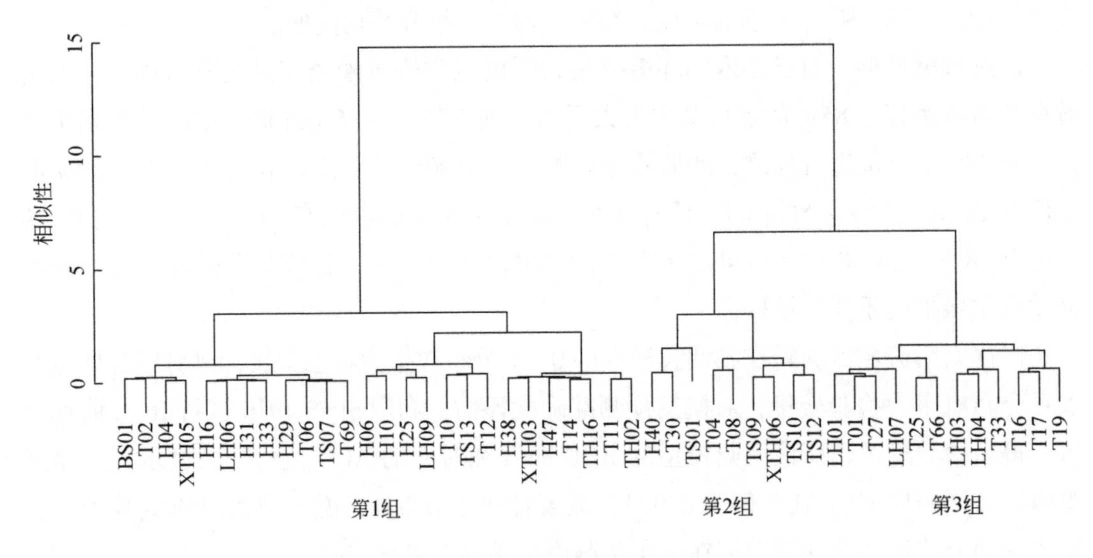

图 2-5　浑太河流域参照样点聚类

在极显著水平上模型的误差为 15. 79%，说明模型在显著水平上（$P<0.05$）的整体准确度为 73. 68%，在极显著水平上（$P<0.01$）的整体准确度为 84. 21%。

以沙塘鳢为例，通过 RIVPACS 模型计算发现，沙塘鳢分布期望值大于 0. 5 的样点有 49 个，沙塘鳢的潜在分布区主要集中在浑河、太子河南支、太子河北支的中上游区域，这些区域的共同特征都是山地溪流，水温较低，但这也与沙塘鳢的生态习性相一致。

2. 2. 3　基于水陆耦合关联度分析的指标筛选技术

（1）技术简介

本技术目的是从众多的影响因子中选择能够较好地反映流域水生态系统特征的若干因子，以此构建流域水生态功能区划的指标体系。本技术利用典范对应分析（canonical correspondence analysis，CCA）、去趋势对应分析和非约束性排序分析等方法，构建了基于水陆多因子统计分析的分区指标筛选技术，根据水域生态因子与生境因子的相关系数及相关显著性进行逐步耦合，选取体现区域分异规律、对水生态系统空间差异具有主导因素的关键指标。本技术适用于影响水生态的生境因子筛选。

（2）技术原理

当前国内水生态分区指标多考虑单一的陆域或水域指标，未考虑水陆相关耦合性，割裂了水陆之间的联系，本技术提出了基于水陆耦合的分区指标筛选方法，构建了“指标数据标准化—相关分析—排序分析—确定指标”逐步耦合的筛选指标技术。该技术主要运用陆域生境指标与水域生态特征指标的相关分析与排序分析方法，根据指标间相关系数与显著性分析筛选分区指标。通过对陆域生境指标（地质、土壤、气候、植被、地形、NDVI）进行标准化和定量处理，将陆域生境指标与水生态指标（水质、水量、水文）进行 Person 或 Spearman 相关分析，保留水陆指标间具有显著相关指标，将保留指标再次进行典范对应分析进行排序，根据相关系数的大小确定水生态功能分区指标，最终达到客观、有效地实现流域水生态功能分区的目的。

(3) 技术工艺流程

本技术主要内容包括两个步骤，即分区备选指标数据标准化以及基于相关与排序分析方法的指标筛选（图 2-6）。

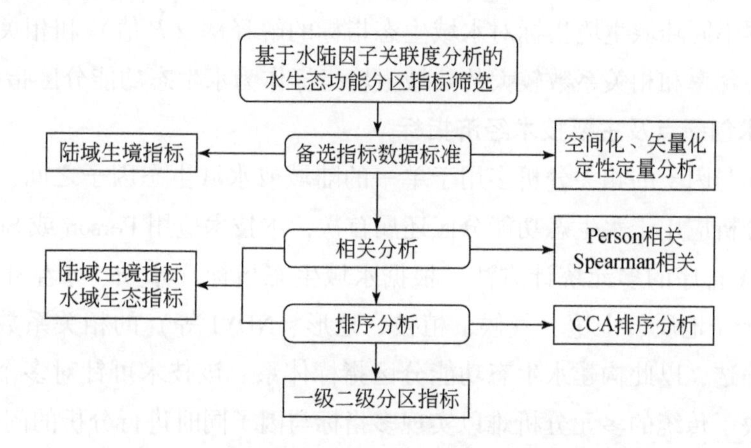

图 2-6　基于水陆耦合关联度分析的指标筛选技术流程

具体步骤如下：①分区备选指标数据标准化。构建影响流域水生态系统结构和功能特征的陆域指标体系，包括区域自然地理基本要素（地质、土壤、气候、植被、地形、NDVI 等），备选指标包括海拔、坡度、坡向、土壤 pH、颗粒组成、有机质含量、总氮、总磷、盐基饱和度、温度、降水、干燥度、湿润度、NDVI 等。其中对于地形、NDVI 指标等栅格数据基于属性值为依据进行分析，对于气象观测站点数据则采用空间插值方法生成栅格数据，然后将栅格数据转化为矢量数据进行量化。②流域水生态功能分区指标筛选。对陆域生境指标（地质、土壤、气候、植被、地形、NDVI）与水域生态指标（水质、水生生物、水文）进行 Person 或 Spearman（数据是否符合正态分布）相关分析，将 P 值小于 0.05 的指标进行保留，将保留指标再次进行 CCA 排序，根据水域生态指标与陆域生境指标的相关显著性分析，逐步筛选适宜的分区指标。

(4) 核心技术方法和参数

A. 非典型约束性排序方法——相关分析

将陆域生境指标（地质、土壤、气候、植被、地形、NDVI 等）与水域生态指标（水质、水生生物、水文）进行正态分布分析，符合正态分布的对应指标间进行 Person 相关分析，不符合正态分布的对应指标间进行 Spearman 相关分析，分析结果中 P 值代表了指标间相关分析是否具有显著性，将 P 值小于 0.05 的陆域分区备选指标保留，可进行多指标的排序分析。

B. 典型约束性排序方法——典范对应分析技术

典范对应分析是基于对应分析发展而来的一种排序新方法，将对应分析与多元回归分析相结合，每一步计算结果都与环境因子进行回归，从而详细地研究水生态系统与陆域环境的关系。基于陆域和水域耦合关系采用 CCA 排序法对相关分析保留指标进行筛选，根据不同陆域生境指标对水域生态指标的解释率（F 值）和相关系数大小进行排序，将解释率和相关系数较大的陆域生境指标作为水生态功能分区指标。

(5) 技术创新点及主要技术经济指标

以往指标与因子的相关分析多用于单一的陆域或水域生态因子之间，多指标与水陆相关耦合分析应用于水生态功能分区还属首次，本技术应用 Person 或 Spearman 相关分析以及 CCA 排序的多元统计方法，根据水域生态指标（水质、水生生物、水文）、陆域生境指标（地质、土壤、气候、植被、地形、NDVI 等）的相关系数与相关显著性进行逐步筛选，以此构建水生态功能分区指标体系。该技术可针对多个因子同时进行分析，解决了传统的多元分析难以实现多指标与因子同时进行分析的问题。

(6) 应用案例

基于水陆耦合关联度分析的指标筛选技术应用于全国水生态功能分区指标及松花江、海河、淮河、辽河、黑河、东江、赣江、太湖、滇池、洱海、巢湖等流域的分区指标筛选中。以全国水生态功能一级分区指标筛选为典型案例。

A. 环境要素与水生生物相关性分析

基于水资源三级分区获取了各环境要素的平均值，统计了鱼类、两栖和爬行动物的物种数在水资源三级分区上的分布。在此基础上，对高程极差、高程、坡度、NDVI、多年平均气温、多年平均降水、多年平均降水日数几个环境变量和鱼类、两栖动物以爬行动物物种数进行了相关分析（表 2-4）。

环境要素之间本身存在较为显著的相关，高程极差与坡度相关性高达 0.75。气候变量之间也存在高度相关，如多年平均降水和多年平均降水日数相关系数高达 0.80。地形因子与水生生物的相关性则不是很明显。NDVI 和气候变量与水生生物均有相关性，尤其是多年平均降水日数，和三种水生生物相关系数均在 0.7 以上。

表 2-4　主要环境要素和水生生物变量间的相关系数

变量	高程极差	高程	坡度	NDVI	多年平均气温	多年平均降水	多年平均降水日数	鱼类物种数	两栖动物物种数	爬行动物物种数
高程极差	1.00									
高程	0.72	1.00								
坡度	0.75	0.63	1.00							
NDVI	-0.34	-0.47	0.09	1.00						
多年平均气温	-0.32	-0.51	-0.13	0.54	1.00					
多年平均降水	-0.20	-0.38	0.18	0.78	0.70	1.00				
多年平均降水日数	-0.11	-0.14	0.31	0.70	0.58	0.80	1.00			
鱼类物种数	0.02	-0.03	0.32	0.54	0.43	0.61	0.72	1.00		
两栖动物物种数	0.26	0.10	0.57	0.49	0.43	0.63	0.74	0.75	1.00	
爬行动物物种数	0.04	-0.13	0.37	0.63	0.62	0.83	0.81	0.69	0.86	1.00

注：阴影区域表示相关性显著（95%置信区间）。

B. 典型相关分析

选择基于水资源三级分区的 33 个环境指标及鱼类、两栖和爬行动物的物种分布分别进行了典型相关分析。由于部分环境指标之间相关性较高，存在较多的冗余信息，分析过程中剔除这部分因子。通过水生生物物种分析和环境指标之间的典型相关分析，最终确定相关性较高的典型环境因子为降水（PRE）、年内月降水差（PMD）、积温（>10℃，TAC10）、高程（DEMMEAN）。

2.2.4　河流生境分类技术

(1) 技术简介

河流生境分类是小尺度分区的一种关键技术，即把河流划分为特征相似的河流类型的过程。当前，河流分类方法有很多，但是存在工作量大、考虑因素不全面及推广性不高等问题。本研究建立了一个快速的河流分类方法，构建了蜿蜒度、河流等级、封闭度、河道数等河流分类指标，利用水系矢量数据、高分辨率遥感影像、DEM 等河段尺度上的自然地理信息数据，提取指标数值，通过单一指标分类、多指标综合分类的方法，划分河流类型，得到不同河段的河流类型。本技术适用于河段/小流域尺度河流快速分类。

（2）技术原理

早期的河流分类研究都是单因子、单尺度的从河流静态结构出发的河流分类研究，方法简单易于理解，但是不能满足复杂的河流管理需求。河流地貌记录了河流不同时间序列上的行为和运动轨迹，基于地貌特征的河流分类研究更能体现河流的物理结构和潜在功能。河流生境分类的指标代表了河段的规模、物理结构以及自然形态，能反映河流水生生物群落类型、水生生物多样性、水生生物物种分布、水体理化特征。河流等级体现了河道的水系结构和规模，与河道形态、河道生境类型及比例、生境稳定性、流量有关。河道封闭度体现了河段的自然形态，封闭度越小，河谷对河道的约束程度越强烈，河岸带宽度越小；封闭度越大，河岸带宽度越大，为水生生物、鸟类、两栖类、爬行类等动物提供的生境越多。河道数与河床稳定性、河流生境类型有关。蜿蜒度决定河流的纵向弯曲程度和边界条件，与河流生境多样性、鱼类等水生生物多样性、沉积物运输以及河流形态相关。因此本研究选取的指标包括河流等级、蜿蜒度、封闭度、河道数等，并根据指标的空间变化程度特征构建了河流分类体系。

（3）技术工艺流程

技术流程为“分类指标选取—河段单元和集水小流域单元划定—分类指标计算与分析—定性定量河流分类—命名”5个步骤（图2-7）。

具体步骤如下：①分类指标选取。分类指标选取是河流分类的核心。根据河段尺度的特征，分类指标必须能反映出河段的规模、物理结构以及自然形态。河段尺度的河流分类指标包括封闭度、蜿蜒度、河道数、坡降、河床底质、地貌单元、深槽比、宽深比和河流等级等。根据文献调研、专家经验、数据可获取性、河流主导生态特征选取分类指标，本研究选取的分类指标为河流等级、封闭度、河道数和蜿蜒度4个指标。②河段单元和集水小流域单元划定。基于ArcGIS平台和DEM数据，使用ArcGIS10.0里的Hydrology Modeling模块来提取流域边界和河流水系，以水系图中的河流交汇点、水库、闸坝、湖泊为分割点进行河段分段。③分类指标计算与分析。基于实地调查、水系矢量数据、高分辨率遥感影像、DEM等河段尺度上的自然地理信息，同时基于Google Earth和ArcGIS软件平台提取分类指标值，对分类指标值进行计算，分析其空间变化。④定性定量河流分类。采用阈值法、聚类分析法进行河流分类，可单指标分类，也可多指标综合分类。⑤命名。根据主导河流类型进行命名。

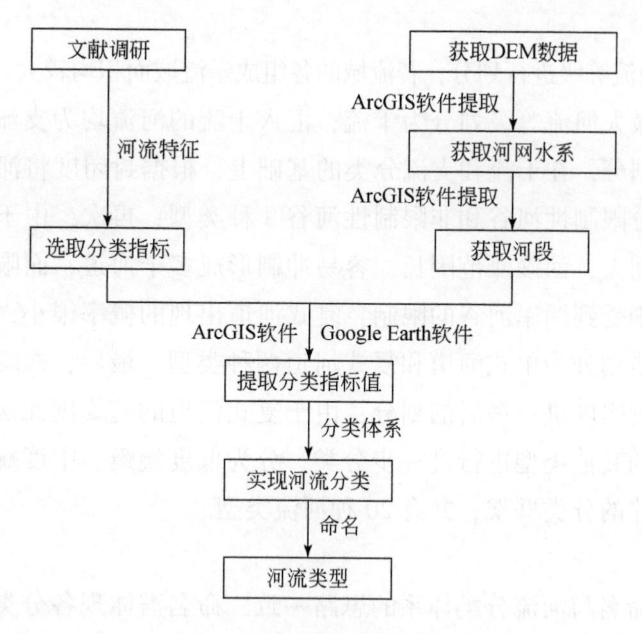

图 2-7　河流生境分类技术流程

(4) 关键技术方法

A. 分类指标计算

河流等级。将没有支流汇入的水系定义为1级，多个支流汇入，将其级别相加作为汇入河流的级别。如此类推直到分级完成。

封闭度。基于 Google Earth 软件平台，通过遥感影像解译，观察河道与河谷的连接程度，估算出河段的封闭度，这里表示为河谷对河道的限制程度。封闭度的分类标准采用 Brierley 和 Fryirs 的河流类型框架中的分类标准：河道与河谷连接程度大于90%为限制性河谷；河道与河谷连接程度介于10%～90%为部分限制性河谷；河道与河谷连接程度小于10%为非限制性河谷。

河道数。基于 Google Earth 软件平台，通过遥感影像解译，观察河段的河道个数。分类标准采用 Rosgen 在自然河流分类研究中采用的单式河道和复式河道的分类标准：河道有固定流向且只有一个流路为单式河道；河道流路散乱且多汊交错为复式河道。

蜿蜒度。蜿蜒度是由河流本身的长度与河流上下游之间的直线距离的比值决定的，计算公式为 S(蜿蜒度)= Lr/Lv，其中 Lr 是所测河段本身的长度，Lv 是所测河段上下游两点间的直线距离，Lr 和 Lv 都是在 ArcGIS 10.0 软件下得到的。分类标准采用广泛应用的 Rosgen 分类标准：$S<1.2$ 为低度蜿蜒，$S=1.2\sim1.4$ 为中度蜿蜒，$S>1.4$ 为高度蜿蜒。

B. 河流分类

首先，根据河流等级进行划分，若流域的各组成子流域面积均较大，如大于1万km^2，可将各子流域的最大河流等级划分为干流，汇入干流的河流均为支流；其次，根据河流的封闭度进行划分，在干流和支流分类的基础上，根据封闭度将河段进一步划分为限制性河谷、部分限制性河谷和非限制性河谷3种类型；再次，由于非限制性河谷的河道横向运动空间大，河漫滩范围长，容易冲刷形成多个河道，而限制性和部分限制性河谷的河道由于受到两岸河谷的限制，复式河道出现的概率很小，依据河道数对非限制性河谷进一步划分为单式河道和复式河道两种类型；最后，蜿蜒度变化的尺度为河段，因此依据蜿蜒度进行最后的划分；由于复式河道的蜿蜒度无法计算，基于蜿蜒度对第三级分类的其他类型进行进一步分类，分为低度蜿蜒、中度蜿蜒和高度蜿蜒三种类型。根据构建的分类框架，共有20种河流类型。

C. 命名方法

河流类型的命名与河流分类体系的思路一致，命名需体现各分类指标所代表的河流特征。本研究河流分类体系的命名采用封闭度（限制性河谷、部分限制性河谷、非限制性河谷）+河道数（单式河道、复式河道）+蜿蜒度（低度蜿蜒、中度蜿蜒、高度蜿蜒）+河流等级（干流、支流）的命名规则。

（5）技术创新点

河流生境分类技术基于封闭度、蜿蜒度、河流等级和封闭度4个易于获取且能较好地反映河段特征的指标，解决了遥感数据昂贵、指标获取工作量大、难以在大面积流域应用的不足，可以在其他大流域河流分类中使用。

1）数据易于获取且覆盖全。目前常用的河流分类主要在大流域尺度、河段尺度和样点尺度开展，大流域尺度的河流分类主要是宏观尺度上的河流分类，难以满足中小尺度上的管理需求；样点尺度的分类需要进行样点上河流生境的调查，花费的时间和经费较多。而河段/小流域尺度上的河流分类，可用于中小尺度上的水生态保护和流域管理，数据主要适用地理信息数据、遥感影像等空间数据，易于获取且覆盖全部河段，可以快速全面地进行河流分类，实现管理需求。

2）分类体现生境类型，为河流生态系统保护提供中小尺度管理依据。选取的指标可体现水生物种分布、水生群落多样性、水生态系统类型特征，代表了生物生活史完成所需要的生境类型特征。

3）具有可推广性，可在全国推广应用。分类使用的指标适用于全国各地的河流，因此，该方法可在全国的河流分类管理中使用。

(6) 应用案例

A. 数据来源

本研究使用的数据为 90m 分辨率的 DEM，该数据由美国国家航空航天局、国防部国家测绘局以及德国与意大利航天机构共同测绘完成。利用 DEM 提取的水系可以获取计算河流等级、封闭度、河道数以及蜿蜒度 4 个分类指标所需要的信息。

B. 辽河流域分类结果

基于以上分类技术，辽河流域 3158 个河段被划分为 20 种河流类型。其中非限制性低度蜿蜒支流、部分限制性低度蜿蜒支流分布范围最广，长度分别为 8186. 3km 和 7717km，占辽河流域河流总长度的 23. 1% 和 21. 8%；限制性低度蜿蜒干流、限制性中度蜿蜒干流分布范围最小，长度分别为 4. 6km 和 20km，仅占辽河流域河流总长度的 0. 01% 和 0. 06%。

2.2.5 水生态功能区空间定量聚类划分技术

(1) 技术简介

传统的分区主要基于多个环境因子专题图进行空间叠加，存在主观性强、可重复性差的缺点。本技术建立了一套水生态功能区空间定量划分方法，通过空间插值将筛选出的分区指标处理为空间连续曲面图层，利用 ISODATA 或二阶空间聚类等方法将多个流域分区指标进行空间聚类，再通过小流域边界和水生生物数据对分类边界进行调整，最终完成水生态功能分区。解决了分区指标空间化和空间分类的技术难题，可实现准确、快速的水生态功能区定量划分。本技术可用于指标的空间定量聚类。

(2) 技术原理

水生态功能分区是根据筛选出的指标进行定量聚类的过程，涉及离散型指标空间化、指标的定量聚类、分区边界调整等内容，其中指标的定量聚类是核心。ISODATA 聚类算法称为迭代自组织数据分析技术（iterative self-organizing data analysis technique），是最常用的非监督聚类方法，是在 K 均值聚类算法的基础上，增加对聚类结果的“合并”和“分裂”两个操作，并设定算法运行控制参数的一种聚类算法。使用光谱距离作为连续分类的方法对像元进行反复分类，直到找到距离最近的类，将距离近的划分为一类。二阶聚类也常被称为两步聚类，顾名思义就是整个聚类过程分为前后两个大的板块来完成。第一步对所有记录进行距离考察，构建聚类特征树（CF），同一个树节点内的记录相似度高，相似度低的记录则会生成新的节点。第二步在分类树的基础上，使用凝聚法对节点进行分类，每一个聚类结果使用贝叶斯信息准则（BIC）或者赤池信息准则（AIC）进行判断，得出最终的聚类结果。同其他统计方法一样，二阶聚类也有严苛的适用条件，它要求模型中的变量独立，类别变量呈多项式分布，连续变量须呈正态分布。

(3) 技术工艺流程

水生态功能区定量聚类划分技术路线为“环境因子空间化处理—空间聚类—生物校验—边界调整”（图 2-8）。

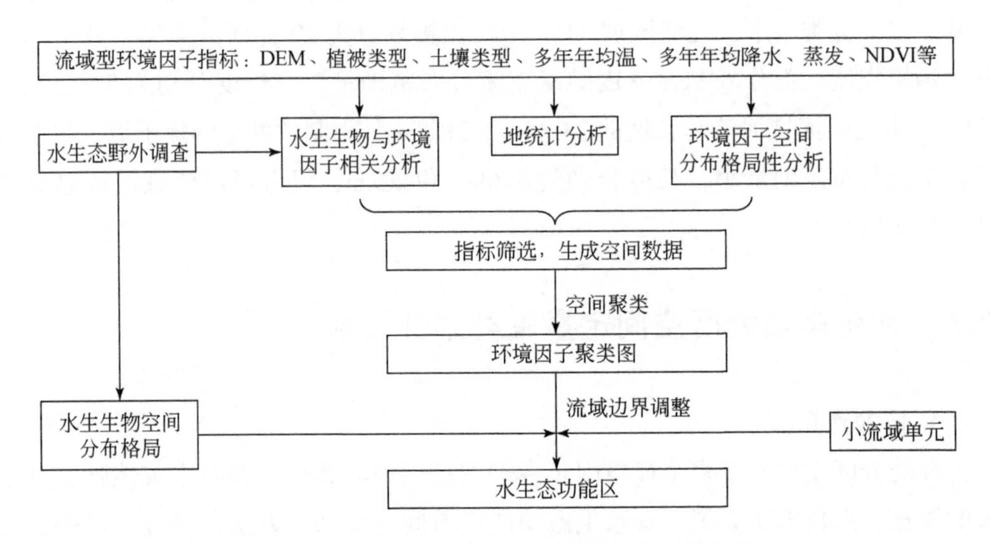

图 2-8　水生态功能区空间定量聚类划分技术流程

具体步骤如下：①环境因子空间化处理。依据水生态功能分区指标筛选技术确定出适合分区的环境因子，基于泰森多边形法、反距离权重法等空间定向插值技术对离散型数据进行空间定量化处理，形成环境因子空间栅格数据集。②空间聚类。采用 ISODATA 聚类技术或二阶聚类等技术将栅格化处理后的环境因子数据进行空间聚类分析，形成多元聚类单元。③生物校验。将水生生物调查数据进行聚类分析，分析水生生物空间异质性特征，根据水生生物空间异质性对聚类单元进行验证（技术见水生态功能分区结果校验技术）。④边界调整。提取小流域单元，对验证后的分区结果进行边界调整，确保小流域的完整性，最终形成水生态功能分区方案。

(4) 关键技术环节

A. 离散型指标空间化技术

流域型指标本身就已经是连续面数据，而离散型指标则需要处理为空间连续面数据。可用的插值方法有泰森多边形方法、反距离加权法、移动拟合法、线性内插、双线性多项式插值、样条函数、趋势面分析、变换函数插值法、多元回归分析等。

以河道内分区指标的空间化为例，采用反距离权重法，基本步骤是：①在 ArcGIS

软件中，所有河流均以线状表示，以此为中心线，作一个左右宽度为 200m 的缓冲区，形成了一个连续的类似河流水系的多边形；②确定所有采样点均位于该多边形内；③以上述多边形为边界，实施反距离权重插值计算；④插值后得到一个与水系重叠的栅格图。通过上述流程完成了离散型数据的空间化。

B. 空间聚类技术

ISODATA 聚类方法通过设定初始参数而引入人机对话环节，并使用归并与分裂的机制，当某两类聚类中心距离小于某一阈值时，将它们合并为一类，当某类标准差大于某一阈值或其样本数目超过某一阈值时，将其分为两类。当某类样本数目少于某一阈值时，需将其取消。因此，根据初始聚类中心和设定的类别数目等参数迭代，最终得到一个比较理想的分类结果。对于 n 个样本，只要给出初始分类 C，通过迭代计算，就能很快得到分类结果，而且能对聚类效果进行检验，主观随意性较小，即求得的模糊分划系数 $F_c(R_f^*)$ 越接近 1，聚类效果越理想。

$$F_c(R_f^*) = \frac{1}{n}\sum_{i=1}^{n}\sum_{j=1}^{C} r_{ij}^2 \tag{2-15}$$

式中，$F_c(R_f^*)$ 为模糊分划系数；n 为样本数；C 为初始分类数；r_{ij} 为矩阵中的元素。

二阶空间聚类法主要有两种聚类方式：①先不考虑空间属性直接根据图斑的属性信息（子流域单元上的各分区指标值），即聚类变量进行二阶聚类，然后根据空间分布特征对初步聚类结果进行空间判别；②直接将空间属性加入聚类变量中进行空间聚类，这时的聚类变量除包括子流域单元上的各分区指标值外，还包括聚类单元，即子流域的空间位置及其空间关系特征值。

以二阶空间聚类的第一种聚类方式为例，介绍其空间判别规则。具体来看，第一种方式的二阶聚类空间判别规则主要包括以下几个方面。①单个独立的零星聚类单元。采用特定算法搜索该聚类单元周边一定范围内的其他聚类单元的类别，若周边单元均为同一类别，则将该零星单元赋予周边单元同样的类别；若周边单元为多个不同类别，则再依据该单元与邻接单元的公共边界长来进行判别，将公共边界最长的邻接单元的类别赋予该单元。②小面积相邻成片聚类单元。首先，设定一个面积临界阈值，若相邻成片聚类单元的面积大于这个临界阈值，则单独成为一个区；若小于这个临界阈值，则再与周边单元进行空间关系判断。其次，将该小面积相邻成片聚类单元视作一个独立零星单元，再采用情况①的判别规则和工作程序进行类别赋予。③大面积相邻成片聚类单元。对情况②中面积大于临界阈值的相邻成片聚类单元进行再分析。首先，采用特定指标判别这个成片聚类单元的形状特征。其次，若该成片聚类单元为狭长形状且满足其他特定条件，则将该相邻成片聚类单元视作一个独立零星单元，再采用情况①的判别规则和工作程序进行类别赋予。

C. 小流域单元提取技术

作为调整聚类结果边界的重要依据，小流域单元的提取是一个重要的技术环节。小流域单元提取的原则主要有流域完整性原则和同质性原则。

小流域单元提取的主要流程：①使用高精度的DEM作为数据源。②使用ArcGIS的Hydrology Modeling模块来操作小流域的提取。基本操作步骤是载入无洼地的DEM—流向分析（Flow Direction）—计算流水累积量（Flow Accumulation）—提取河流网络（Stream Net）—流域分析（Watershed）—栅格转成矢量。③与流域边界合并，保证研究区的范围的完整。④以线状水系图为底图，对小流域单元进行合并调整，以保证与实际河流和实际流域保持一致，每个单元均有河流分布。

（5）技术创新点

通过指标空间化技术和河流缓冲区处理技术，实现线状河道内分区指标的空间插值，ISODATA和二阶单元聚类技术改进了传统的基于多个环境因子专题图空间叠加的分区技术，减少了分区的主观性，增加了分区的准确度。

（6）应用案例

以辽河太子河流域水生态功能二级分区作为案例。在太子河流域，高程、降水作为水生态功能二级分区指标，降水作为离散型数据，通过将降水指标空间插值为面数据后，将高程和降水指标进行ISODATA空间聚类，获得初步的分区结果。同时，利用太子河流域提取的105个小流域单元和水生生物群落分布特征对聚类结果进行调整，最终获得太子河流域三个水生态功能二级区。

2.2.6 水生态功能分区结果校验技术

（1）技术简介

水生态功能分区的主要目的是辨识流域中自然生态系统特征的区域差异及其对水生态系统的影响，分区结果必须体现出这种差异性，水生态功能分区结果校验是通过选取合适的指标对分区结果的合理性进行验证的过程。本技术应用数学统计、聚类分析、DCA等方法对流域水生态系统中水生生物（鱼类、底栖生物、浮游藻类、水生植物）数量结构与多样性特征进行分析，根据水生生物空间异质性特征，通过列表对照或统计分析图对水生态功能分区结果进行校验。本技术适用于水生态功能分区结果的校验。

（2）技术原理

水生态功能区反映了淡水生态系统特征及其区域分布规律，水生生物数量结构与多样性功能指标对水环境特征具有重要的指示作用，同时水环境特征指标又影响着水生生物的分布，水生生物数量结构与多样性指数空间异质性特征能够反映流域水生态系统的空间异质性，因此，基于应用水生生物的空间分布来验证水生态功能分区结果的原则，构建了“指标计算—统计分析—结果验证”的水生态功能分区结果校验技术，该技术是保障水生态功能分区结果可靠性的重要技术手段。

(3) 技术工艺流程

本技术主要通过野外调查和资料调研的水生生物数据对水生态功能分区结果进行验证，技术内容主要包括三部分（图 2-9）。

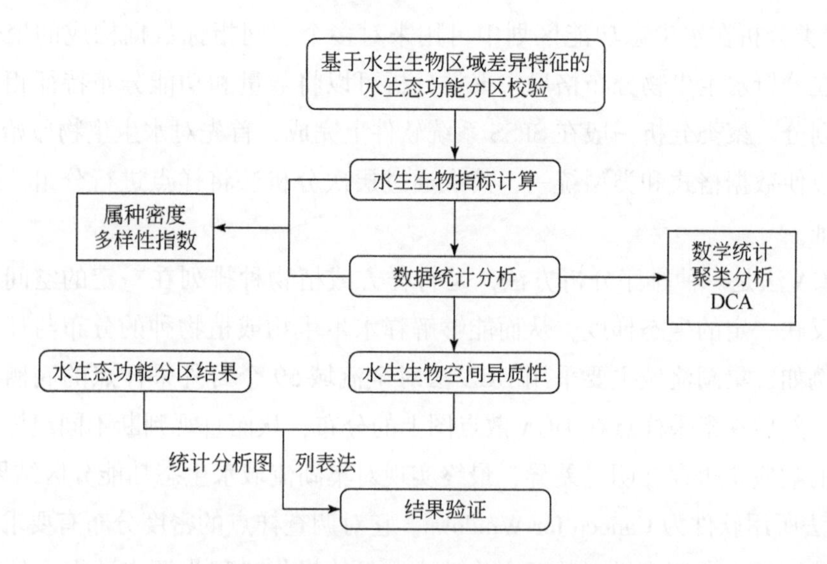

图 2-9　水生态功能分区结果校验技术流程

1）水生生物指标计算：水生生物类型包括鱼类、浮游藻类、底栖动物、大型水生植物等，数据指标包括各属种密度、多样性指数（Shannon-Wiener 指数、Pielou 种类均匀度指数、Margalef 丰富度指数）等。

2）指标数学统计与空间统计：数据统计分析方法分为数学统计分析与空间统计分析，其中数学统计是基于水生态功能分区结果将不同区域水生生物指标数据进行算术平均值计算与方差分析，通过数据直接比对进行验证；而空间统计分析应用聚类分析或 DCA 将流域内所有样点进行空间化分组，实质是应用水生生物空间异质性特征来验证基于陆域分区指标的水生态功能分区结果。

3）结果验证：数据统计分析结果可应用列表法和统计分析图进行直接对比。

(4) 关键技术方法

水生态功能分区校验是分析产生分区错误的根源，验证分区的合理性，包括数据获取、数据处理、分区过程中使用的技术方法以及是否遵循了分区原则等。

A. 数据统计分析

通过开展不同水生态功能分区单元内水生生物要素的统计分析来判断结果的合理性。该方法用数学方法来反映客观现象总体数量，对数据精度的要求较高。该校验法主要分为三种。

1）数学统计是基于水生态功能分区结果将不同区域水生生物指标数据进行算术平均值计算与方差分析，根据不同区域内各指标平均值、分布范围、方差值的差异性来检验分区结果是否可行，一般该过程可在 SPSS 等统计软件中完成。

2）聚类分析在水生态功能区划中可用来对多个空间指标数据构成的聚合图层进行分类。在分析水生生物分布格局中聚类分析可以将数量和功能分布特征相近的区域进行分组划分。聚类分析一般在 SPSS 系统软件上完成，首先对水生生物原始数据进行标准化，以便数据格式和类型统一，其次通过层次分析法将样点进行分组，最后结果输出和验证。

3）DCA 法是一种排序分析方法，是将样方或植物种排列在一定的空间，使得排序轴能够反映一定的生态梯度，从而能够解释水生生物或植物种的分布与环境因子间的关系。例如，巢湖流域主要采用 DCA 法对全流域 59 个野外采样点的底栖动物样本进行分析，然后观察采样点在 DCA 散点图上的分布，从而直观判断不同组样点对环境因子变化的响应是否存在明显差异，最终实现对巢湖流域水生态功能分区结果的校验。

DCA 法所用软件为 Canoco for Windows。它对调查样点的密度分布有要求，须确保落在每一分区的生态调查样点数至少为 5 个。具体操作过程为调查数据预处理（生物相对丰度计算）—样点所属分区归属标识—DCA—出图—结果分析。

B. 结果对比分析检验

通过对比分区成果与水生生物空间异质性结果来判断水生态功能分区结果的合理性，主要是通过列表或图层叠加等方式直观地进行分析。

1）列表法：通过列表方式，列出不同分区内的相同指标的具体数据，直观地判断分区之间的差异性。

2）统计分析图：通过聚类分析、DCA 分析后输出统计结果图，通过将水生生物统计结果图中分组结果与水生态功能分区结果进行直接比对，判断各分区单元内样点分布与水生生物分布格局是否一致，从而得出结论。

（5）技术创新点

水生态功能分区验证是保障分区结果可靠性的重要技术手段。传统分区或者缺乏分区合理性验证环节，或者虽有验证环节却普遍存在用分区指标进行“自我验证”的现象。本技术在水生态关联分析基础上，提出了基于水生生物区域差异特征的分区校验技术，通过对比研究鱼类、底栖动物、藻类等水生物空间分布与分区格局差异对分区结果进行校验，确保分区结果的科学性与合理性。这是在水生态功能分区研究应用中的首次尝试，本技术完善了水生态功能分区内容，具有较高的推广应用价值。

（6）应用案例

基于本技术，完成了松花江、辽河、海河、淮河、东江、黑河、太湖、滇池、洱海、巢湖 10 个流域的水生态功能分区结果的校验，以东江流域水生态功能二级分区结果校验作为案例。

东江流域水生态功能二级分区主要以保障东江流域水生态系统需水的水质目标为基础。河流浮游生物对水质变化较为敏感，在一段时间内浮游生物相关指标比较稳定，能够较为准确地反映区域水质状况。所以以流域浮游植物物种分布及物种组成差异检验流域水生态功能二级分区。

校验过程中以浮游植物生物密度及其组合特征作为校验参量，借助 DCA 排序的方法，对东江流域浮游植物生物密度的分布空间聚集特征与二级分区格局进行对比分析，对各二级分区内浮游植物平均总生物密度特征和浮游植物物种结构特征进行对比分析，以此作为二级分区结果校验的依据。

对流域各水生态系统综合调查样点中浮游植物物种组成数据进行 DCA 排序。结果表明，DCA 前四个排序轴特征值分别为 0.400、0.311、0.212、0.139，第一轴（Axis1）的累积变异量为 8.9%，前两个排序轴的累积变异量为 15.8%，前三个排序轴的累积变异量为 20.5%。前三个排序轴长度较为接近，且解释了大量浮游植物物种组成的区域分异（表 2-5）。

表 2-5　东江流域浮游植物 DCA 排序结果

排序轴	Axis1	Axis2	Axis3	Axis4
特征值	0.400	0.311	0.212	0.139
梯度长度	3.013	3.185	2.893	2.218
累积变异量/%	8.9	15.8	20.5	23.6

从东江流域浮游植物生物密度 DCA 排序结果可以看出，通过前三个 DCA 排序轴相互组合，排序结果能很好地反映出不同二级区间浮游植物生物密度存在着显著差异。具体以第一轴（Axis1）和第二轴（Axis2）进行组合，可以得出 RFⅠ$_1$、RFⅠ$_2$、RFⅡ$_4$、RFⅢ$_1$、RFⅢ$_2$ 和 RFⅢ$_3$ 6 个二级区内的浮游植物密度具有不同的聚集特征；

将第一轴（Axis1）和第三轴（Axis3）进行组合，可以得出 RFⅡ_2 区内的浮游植物密度具有与流域内其他区域的浮游植物密度具有不同的聚集特点；将第二轴（Axis2）和第三轴（Axis3）进行组合，可以得出 RFⅡ_1、RFⅡ_3 区内的浮游植物密度具不同的聚集特点；综合前三个 DCA 排序轴相互组合分析结果，表明东江流域水生态功能二级区的分布格局具有合理性。

2.2.7　水生态功能综合评价技术

（1）技术简介

生态功能评价是对功能各要素优劣程度的定量评价。通过评价，可以明确功能状况、功能演变及发展趋势，为流域规划与管理提供依据。本技术采用指标评价法，建立了包含水生生物多样性维持功能、生境维持功能、水环境支持功能和水文支持功能在内的综合评价指标体系。采用单指标赋分法，根据评分标准为各项指标打分，加权求和得到综合功能的评分。本技术适用于河流湖泊水生态功能评价和主导功能判别。

（2）技术原理

基于水生态系统的自然属性及其与人类活动的协调关系，可以将水生态系统功能分为两大类，即自然功能和社会功能。流域水生态功能分区以反映生态系统自然功能的差异为主要目的，因此重点从水生态系统自然功能角度进行评估。从保障水生态系统健康，发挥水生态系统功能的角度出发，综合考虑水生生物、水质、水量、物理生境，本技术以水生生物为核心，构建了涵盖水生生物多样性维持功能、水生生境维持功能、水环境支持功能、水文支持功能等类型指标的评价体系。其中水生生物多样性维持功能是流域内水生态健康状况的直接体现，水生生境是水生生物正常生活、生长、觅食、繁殖以及进行生命循环所需的重要区域，水环境支持功能是流域为水生生物提供良好生产环境的基本功能，水文支持功能是保障水生态系统存在的基本条件。

（3）技术工艺流程

水生态功能综合评价技术包括“水生态调查—评价指标建立—评价指标空间化—单指标分值计算—综合评价”等关键核心步骤。

具体步骤如下：①以小流域为单元开展生态系统调查，对小流域内的生态系统状况以及滨岸带、河道、水质、水文状况特征进行分析。②根据流域生态系统功能的分类体系和评价原则，结合流域特点，建立涵盖水生生物多样性维持功能、水生生境维持功能、水环境支持功能、水文支持功能在内的流域水生态功能评价指标体系，包括 9 个评价指标，14 个评价指数（表 2-6）。③将点位的指标值空间化至河道、湖体内，统计每个小流域单元的指标值，形成小流域评价指标库。④计算各评价指标数值，根据建立的评分分级赋值，对各评价指数分值进行计算，采用权重加和，对单项功能进行评价。⑤根据多个单指标分值，综合计算出生态功能的综合指数，并进行综合评价和主导功能的识别。

表 2-6　流域水生态功能评价指标体系

目标	评价指标	评价指数
水生生物多样性维持功能（f_{DIV}）	底栖动物耐污性（f_{BEN}）	底栖动物 Shannon 多样性指数
		底栖动物生物学污染指数（BPI）
	浮游植物多样性（f_{PHY}）	浮游植物 Shannon 多样性指数
		浮游植物 Margalef 丰富度指数
	鱼类多样性（f_{FIS}）	鱼类 Margalef 丰富度指数
水生生境维持功能（f_{HAB}）	生境自然性（f_{NAT}）	河道滨岸形态
		河道连通性
	滨岸带稳定性（f_{STA}）	滨岸带植被覆盖率
		河岸稳定程度
	生境多样性（f_{VAR}）	河流蜿蜒度
		河岸带景观多样性
	生境重要性（f_{IMP}）	重要生境价值
水环境支持功能（f_{WAT}）	水质（f_{QUA}）	水质得分
水文支持功能（f_{HYD}）	水量状况（f_{FLO}）	水量状况得分

（4）关键技术方法

A. 水生生物多样性维持功能

水生生物多样性维持功能主要使用底栖动物、浮游植物和鱼类等水生生物类群的耐污性、多样性和丰富度等指标进行评价，各指标参数分级赋值见表 2-7，对各评价指数进行计算赋分，取其平均值得到水生生物多样性维持功能综合得分。

表 2-7　水生生物多样性维持功能单项指标评分分级赋值

分项	5 分	4 分	3 分	2 分	1 分
底栖动物生物学污染指数（BPI）	≤0.1	≤0.5	≤1.5	≤5.0	>5.0
底栖动物 Shannon 多样性指数（H_b）	>3.5	≤3.5	≤3.0	≤2.0	≤1.0
浮游植物 Shannon 多样性指数（H_p）	>3.5	≤3.5	≤3.0	≤2.0	≤1.0

续表

分项	5分	4分	3分	2分	1分
浮游植物 Margalef 丰富度指数（D_p）	>3.0	≤3.0	≤2.5	≤1.5	≤1.0
鱼类 Margalef 丰富度指数（D_f）	>3.0	≤3.0	≤2.5	≤1.5	≤1.0

底栖动物生物学污染指数（BPI）：

$$\mathrm{BPI}=\frac{\lg(N_1+2)}{\lg(N_2+2)}+\lg(N_3+2) \tag{2-16}$$

式中，N_1为寡毛类、蛭类和摇蚊幼虫个体数；N_2为多毛类、甲壳类，除摇蚊幼虫以外其他的水生昆虫个体数；N_3为软体动物个体数。

Shannon 多样性指数（H）：

$$H=-\sum_{i=1}^{S}\left[\left(\frac{n_i}{N}\right)\ln\frac{n_i}{N}\right] \tag{2-17}$$

式中，S为群落内的物种数；n_i为第i个种的个体数；N为群落中所有物种的个体总数。

Margalef 丰富度指数（D）：

$$D=\frac{(S-1)}{\ln N} \tag{2-18}$$

式中，S为群落内的物种数；N为群落中所有物种的个体总数。

B. 水生生境维持功能

水生生境维持功能主要对生境自然性、滨岸带稳定性、生境多样性、生境重要性4个指标进行评价。对各评价指数进行计算赋分，采用加权求和得到水生生物多样性维持功能综合得分。生境自然性、滨岸带稳定性、生境多样性、生境重要性4个指标的权重分别为0.2、0.15、0.15、0.5。

a. 生境自然性指标

该指标由河道滨岸形态与河道连通性组成，根据各项评价结果，取算术平均值作为生境自然性指标的最终赋值（表2-8）。

b. 滨岸带稳定性指标

该指标由滨岸带植被覆盖率以及河岸稳定程度组成，根据各项评价结果，取算术平均值作为滨岸带稳定性的最终赋值（表2-9）。

表 2-8 生境自然性单项指标评分分级赋值

分值	5 分	4 分	3 分	2 分	1 分
河道滨岸形态	河道保持原始状态，自然生境完好，河道周围无人工构造物，如自然的或采用天然材料构筑的护岸，植物生长环境未遭受破坏	河道系统无明显的结构变化，自然生境基本完好，河道周围有极少生态工程，如采用天然材料构筑，河底少量干扰，植物生长环境基本不受影响	河道系统结构发生一定变化，自然生境受到一定程度破坏，河道周围有较多的生态人工工程，如采用人工复合材料，河底一定程度被破坏，如挖沙、清淤，使植物生长环境遭到一定破坏	河道系统结构发生较大变化，自然生境退化，河道周围有一定的人工工程，如河道大部分采用硬质不透水材料，河底结构破坏较严重（大量挖沙），有少数可见的植被	河道自然状态基本上为人工状态所替代，河道周围有较多的人工工程，如完全采用不透水的硬质材料，人为活动完全破坏河底结构，没有植被生长
河道连通性	单元内未见任何堰坝，生物迁徙未受到任何阻隔	单元内建有少数小型堰坝，小型生物迁徙受到一定阻隔	单元内建有一定数量的中小型堰坝，一定数量的生物迁徙受到阻隔	单元内建有大量堰坝或者大型水坝和水库，但是建有鱼道系统，生物迁徙受到很大程度的阻隔	单元内建有大型水坝和水库，无鱼道系统，生物廊道受到完全阻隔
类型	完全自然型	轻度自然型	中度干扰自然型	退化自然型	人工修复型

表 2-9 滨岸带稳定性单项指标评分分级赋值

分值	5 分	4 分	3 分	2 分	1 分
滨岸带植被覆盖率	>40%	(30%，40%]	(20%，30%]	(10%，20%]	≤10%
河岸稳定程度	河岸稳定；没有明显的侵蚀和河岸失稳症状；<5% 河岸受到影响	河岸中等稳定；小区域侵蚀严重；5%～20% 河岸受到影响	河岸中等不稳定；在洪水季节存在严重侵蚀；20%～40% 河道存在侵蚀	河岸不稳定；存在明显的侵蚀状况；40%～60% 河道存在侵蚀	河岸严重不稳定；存在明显的泥沼；>60% 河岸存在侵蚀

c. 生境多样性指标

该指标由河流蜿蜒度指标和河岸带景观多样性指标组成，根据各项评价结果，取河流蜿蜒度和河岸带景观多样性最大值作为生境多样性指标的最终赋值（表 2-10）。

表 2-10 水生生境多样性单项指标评分分级赋值

分值	5 分	4 分	3 分	2 分	1 分
河流蜿蜒度 M	>1.5	(1.3，1.5]	(1.2，1.3]	(1.1，1.2]	≤1.1

续表

分值	5分	4分	3分	2分	1分
河岸带景观多样性 H'	>1.5	(1.3, 1.5]	(1.1, 1.3]	(1.0, 1.1]	≤1.0

河流蜿蜒度计算公式如下：

$$M = \frac{L_S}{L_V} \tag{2-19}$$

式中，M 为河流蜿蜒度指数；L_S为河流长度；L_V为河流上下游两点之前的直线距离。

河岸带景观多样性计算公式如下：

$$H' = -\sum_{i=1}^{m} P_i \log_2 P_i \tag{2-20}$$

式中，H'为河岸带景观多样性指数；m 为景观类型总数；P_i为第 i 类景观类型所占的面积比例。

d. 生境重要性指标

根据生境重要性程度的评分标准得到最终赋值（表 2-11）。

表 2-11　生境重要性单项指标评分分级赋值

分值	5分	4分	3分	2分	1分
生境重要性	具有国际和国家一级珍稀濒危保护物种的避难所、保育场、索饵场、产卵场	具有国家二级保护物种的避难所、保育场、索饵场、产卵场	是一般物种的避难所、保育场、索饵场、产卵场	是水生生物的重要活动场所	是水生生物的非重要活动场所

C. 水环境支持功能

水环境支持功能主要对高锰酸盐指数（COD_{Mn}）、氨氮（NH_3-N）、总磷（TP）、总氮（TN）（湖库考虑）等常规理化参数进行水质评价，水质参数分级赋值见表2-12，根据表 2-12 中各项评价结果，取其平均值作为水质状况指标的最终赋值。水环境支持功能将成为一个介于 1～5 的值，其值越大，表明水环境支持功能越大。

表 2-12　水质参数评分分级赋值　　（单位：mg/L）

分值	5分	4分	3分	2分	1分
COD_{Mn}	≤2.0	(2.0, 4.0]	(4.0, 6.0]	(6.0, 10.0]	>10.0
NH_3-N	≤0.1	(0.1, 0.5]	(0.5, 1.0]	(1.0, 1.5]	>1.5

续表

分值	5分	4分	3分	2分	1分
TP	≤0.02	(0.02, 0.1]	(0.1, 0.2])	(0.2, 0.3]	>0.3
TP（湖库）	≤0.01	(0.01, 0.025]	(0.025, 0.05]	(0.05, 0.1]	>0.1
TN（湖库）	≤0.2	≤0.2	≤1.0	≤1.5	>1.5

D. 水文支持功能

水文支持功能评价主要选取水流状况得分。在缺乏水文数据的情况下，采用水流状况现场判断法来评价（表2-13）。

表2-13　水文支持功能单项指标评分分级赋值

分值	5分	4分	3分	2分	1分
水流状况现场判断法	水量很大；水流淹没所有河道的低堤岸；河道基质出现程度最低	水量较大；水流河道的范围>75%；<25%的基质暴露	水量一般；水流充满河道的范围50%～75%；<50%的基质经常暴露	水量较小；水流充满河道的范围25%～50%；>50%的基质暴露	河道中水量极少，河道干涸，通常以水塘形式存在

E. 水生态功能综合评价

在上述4种单项功能指数的基础上，采用求和的方法，计算水生态功能综合指数，根据分级标准，确定水生态功能综合等级。计算公式如下：

$$F_{综合} = f_{DIV} + f_{HAB} + f_{WAT} + f_{HYD} \tag{2-21}$$

式中，$F_{综合}$为水生态功能综合得分；f_{DIV}、f_{HAB}、f_{WAT}、f_{HYD}分别为水生生物多样性维持功能、水生生境维持功能、水环境支持功能、水文支持功能单项功能指数。

水生态功能综合指数将介于4～20，其可以按照表2-14标准进行等级划分，单项功能指数最大的即为主导功能。从高到低可分为5个等级：A级分值15～20，表示水生态功能高；B级分值12～15，表示水生态功能较高；C级分值10～12，表示水生态功能一般；D级分值4～10，表示水生态功能较低。

表2-14　水生态系统功能综合评价分级

功能等级	意义	综合分值	意义
A	高	15～20	水生态系统不受或较少受到人类活动干扰，保持原始生态状态，具有健全的生态功能
B	较高	12～15	水生态系统受到一定程度的人类活动干扰，保持自然生态状况，具有较健全的生态功能

续表

功能等级	意义	综合分值	意义
C	一般	10～12	水生态系统受到较大程度的人类活动干扰，保持一般生态状态，部分生态功能受到威胁
D	较低	4～10	水生态系统受到很大程度的人类活动干扰，保持较低生态状态，只具备最基本的生态功能

（5）技术创新点及主要技术经济指标

当前水生态功能评价存在评价指标和评价技术不规范、评价标准不统一等问题，难以科学客观地识别水生态功能状况。本技术充分考虑水生态系统的自然过程，构建了以水生生物为核心，涵盖生境、水质、水文等的水生态功能综合评价指标体系和分级标准，既考虑了水生态系统的功能要求，又结合了陆地生态功能的控制目标，建立了水生态功能重要性等级划分标准，为水生态功能等级的确定和主导功能的甄别提供了技术依据。

（6）应用案例

采用指标评价法对太子河流域的水生生物多样性维持功能、水生生境维持功能、水环境支持功能和水文支持功能 4 项生态功能进行评价，排序求和得到河流的主导功能和综合功能评分结果。

利用 DEM 数据，将太子河流域提取成 105 个小流域并形成 105 组河段。在河段尺度下选取 4 项水生态功能：水生生物多样性维持功能、水生生境维持功能、水环境支持功能和水文支持功能，具体选择了 9 个评价指标、14 个评价指数。在这 14 个评价指数中，4 个指数为空间数据，10 个指数为调查数据。对于空间数据，可以直接计算每组河段的指标值；对于调查数据，由于 69 个调查点位没有平均分布在 105 组河段上，不能直接获取每组河段的指标值，需要将 69 个点位的指数空间化到每河段上，通过对指数值进行河道内的插值得到每组河段的值。

按照上述功能评价方法，最终得到太子河流域的河流综合生态功能等级和主导生态功能分布。在 105 组河段中，A 级河段主要分布在三个区域：①太子河北支，生物多样性高，生境质量好；②小汤河流域，有多处自然保护区、森林公园和风景区，人类活动稀少，植被覆盖率高，生境优美，水质较好，河道保持自然状态；③太子河干流辽阳段，水量丰富，生物多样性高，水生生境质量好。B 级河段主要分布在太子河上游支流、山地支流的中上游河段，以及观音阁水库和葠窝水库下游的太子河干流河段。这些河段生境质量较好，水生生物多样性较高，水量较充沛。C 级河段分布在太子中游支流大部分、下游支流的源头河段，这些河段受到一定的人类活动影响，水生生境受到较大破坏，水环境质量不高，水生生物数量较少。D 级河段也主要分布在三大区域：一是本溪河段和鸡冠山河，工业、矿山活动密集，矿渣淤积河道，生境基本丢失，同时承载着本溪市的生活污水，水质严重超标；二是北沙河下游，农业生活干扰严重，污染负荷大；三是太子河平原支流，这些区域位于平原区，工业和农业是典型的人类行为，工业、农业、生活干扰严重，污染负荷大。整体上，太子河流域河流综合生态功能等级由山地（或河流源头区）向平原区（或河流下游区）呈递减的趋势。

2.3 应用案例

2.3.1 全国水生态功能体系与方案

全国水生态功能分区方案的划定需要在大量水生态数据基础上开展，由于我国长期缺乏水生态数据积累，全国自上而下划分难度大。因此全国水生态功能分区方案的划定在重点流域水生态功能分区基础上，按照“示范流域划定—自下而上成果归纳—自上而下体系—全国划定”总体思路进行。

2008～2015 年，共有来自科研院所和大学等的 11 家单位在辽河、松花江、海河、淮河、东江、黑河、赣江、太湖、滇池、洱海、巢湖 11 个流域开展了连续多年的水生态调查，采样河段 1022 个，调查点位近万个，数据量 10 万多个，调查指标覆盖水化学、生境、鱼类、底栖生物、藻类，研究了重点流域水生态空间异质性、尺度特征及与环境要素的耦合关系，识别了不同尺度水生生物类群空间分布规律及主要驱动要素，提出了以“气-土-水-生”为主线的流域水生态功能四级分区体系，突破了全过程的水生态功能区划分成套技术，完成了 11 个流域水生态功能一～四级分区指标筛选，在此基础上完成了 11 个流域水生态功能一～四级分区方案。

在 11 个流域水生态功能分区基础上，进一步系统开展国外水生态分区体系的调研及重点流域水生态功能分区理论、体系等研究成果的总结凝练，补充完善国家宏观尺度水生态空间格局研究，自上而下构建全国 1～8 级分区体系；在全国水生态功能分区框架下，开展对重点流域水生态功能分区尺度、分区结果合理性进行评估；根据构建的全国水生态功能分区体系，完成全国水生态功能一～二级分区方案划定；进一步优化重点流域水生态功能分区方案，确定各流域分区在全国分区中的定位；重点流域未涉及的区域，根据构建的指标体系，进一步收集基础数据，完成全国水生态功能分区方案的划定。基于以上技术思路，将全国划分为 6 个一级区、33 个二级区、

107个三级区、354个四级区、1404个五级区，形成了全国分区方案一张图（表2-15）。初步解决了我国水生态区域差异化问题，为水生态监测评价、水生态保护目标制定奠定了基础。

表2-15　全国水生态功能分区结果　（单位：个）

流域	一级区	二级区	三级区	四级区	五级区
全国	6	33	107	354	1404
松花江	—	4	13	29	75
辽河	—	2	6	23	97
海河	—	2	5	15	64
黄河	—	4	6	16	73
淮河	—	2	16	56	148
长江	—	5	23	122	515
珠江	—	3	15	27	151
东南诸河	—	1	12	35	79
西北诸河	—	6	6	9	67
西南诸河	—	4	5	22	135

2.3.2　应用情况

（1）国家层面

分区思想被2015年颁布的《水污染防治行动计划》(简称“水十条”）采纳，“水十条”中明确提出“研究建立流域水生态环境功能分区管理体系”。为支撑“水十条”重点工作，2015年环境保护部组织开展全国水生态环境功能分区方案划定，重点流域的分区方案支撑了全国水生态环境功能分区方案的划定，该方案已作为“十三五”水环境监测点位的布设、优先控制单元识别及水质目标确定的重要依据。

（2）区域流域层面

在水专项水生态功能分区成果支撑下，江苏省颁布了《江苏省太湖流域水生态环境功能区划（试行)》，制定了水生态健康考核目标，实施了基于分区的水生态健康管理。2010年辽宁省修订《辽宁省辽河流域水污染防治条例》时，第十二条明确提出“流域水生态保护，应当采取划定水生态功能区、河滨湿地建设、清淤疏浚悬浮物拦截、人工复氧等综合治理措施，并采取退耕还林（草）等措施，建设生态保护带、生态隔离带，实施水生态修复工程”。《江西省水污染防治工作方案》明确提出“推进赣江流域水生态功能分区试点工作”，为江西省水生态健康管控体系建立奠定了基础。此外，重点流域分区方案在辽河、太湖、黑河、淮河等流域生态环境保护规划中得到了应用。

2.3.3 应用前景

“生态优先”是我国下一步的发展方略。国家《重点流域水生态环境保护“十四五”规划编制技术大纲》增加了水生态指标的考核要求，标志着我国水环境正逐步迈入水生态健康管理新阶段。以水生态健康为核心的环境管理强调水生态监测、健康评价以及生态管控措施等技术的应用，由于水生态系统在空间上具有显著的区域差异性，依据水生态区实施水生态健康管理是国际普遍认可的方法。我国长期实施基于水功能区的水质达标管理，水功能区主要体现了水体服务功能，无法反映水生生物区域差异。水生态功能区划分的目的是反映水生生物物种组成及群落结构区域分异规律，作为水功能区的补充和完善，可服务于我国水生态监测评价、保护目标制定等水生态健康管理工作。未来水生态功能分区在支撑水生态健康管理方面主要有以下几方面应用。

（1）优化水生态监测点位

水生态监测的目的是服务于水生态评价、目标制定和管理考核，需要合理布设参照点位、受损点位及考核点位。水生态区在国外水生态监测网络设计中的应用最为广泛，是水生态参照点位选取的重要依据。目前现有水生态监测点位主要以水功能区考核断面为基础，建议将现有水生态监测点位与水生态功能区叠合，开展水生态监测点位的合理性分析，科学评估同一生态区内是否存在点位过密或缺少的问题，从经济成本及效率等方面进一步合理筛选和优化水生态监测点位。

（2）支撑水生态健康评价指标和标准制定

我国流域生态系统复杂，水文气象条件迥异，水生生物物种组成和空间格局变化跨度较大，难以采用同一套水生态评价指标和标准反映各流域水生态健康实际状况，如何选择各流域适合的水生生物监测评价指标和标准仍存在较大的难度。水生态功能区是根据水生生物物种组成及群落结构相似性划定的水陆一体化空间单元，同一生态区内可以使用同一套评价指标和标准，因此水生态功能区是确定水生态健康评价指标和标准的重要依据。

(3）完善水功能区考核

针对未来我国水生态健康管理的重大需求，进一步拓展水功能区的内涵，补充水功能区的水生态要求。基于水生态功能区来识别各水功能区单元的水生生物区系特征、物种组成、健康状况，以此作为水功能区水生态目标制定的重要依据，纳入水功能区考核体系。

第 3 章 水生态健康评价和保护目标制定技术

3.1 概 述

(1) 技术简介

根据水生态系统完整性理论，健康的水生态系统应当包括物理、化学和生物完整性，水生生物是水生态系统的核心组成部分，长期生活在水体中，受到水体中各种污染物的影响，其群落结构表征了水生态系统的健康状况。水生生物完整性是水生态系统健康的核心，水文、物理、化学完整性是维持水生态系统健康的支撑条件。恢复和维持水生态系统健康首先要评估水生态健康状态，诊断水生态健康面临的主要问题和驱动要素，合理确定水生态保护目标，为水生态健康管理提供科学依据。

本技术针对我国本土化水生态健康评价指标和方法缺乏、水生态保护目标制定技术路径不明的问题，提出了适合我国的水生态健康评价和保护目标制定技术框架，包括基于压力状态响应的水生态健康评价指标筛选技术、水生生物评价指标参照状态确定技术、水生态健康多指标综合评价技术、水生态完整性评价技术、河湖水生生物完整性胁迫因子定量识别技术、水生态保护目标可达性评估技术、水生生物保护物种确定技术 7 项关键技术。

(2) 技术流程

本技术以“评价指标筛选—参照条件确定—综合评价—胁迫因子识别—目标制定”为主线（图 3-1）。

具体步骤如下：①依据适宜性评价指标对环境压力具有敏感响应的原则，建立压力状态梯度关系模型，选择适用的评价核心指标；②评价指标筛选之后，对评价指标设定参照条件，进行评价指标的标准化计算；③构建全面反映水生态健康状况的综合评价指数，计算各指标综合得分，判定水生态健康等级，包括水生态健康多指标综合评价和水生态完整性评价两项技术；④分析影响水生态健康状态的限制指标，诊断水生态健康受损的主要问题；⑤在水生态健康评价诊断的基础上，预设水生态保护目标，分析水生态健康评价指标提升潜力，基于可达性模型优化确定保护目标。

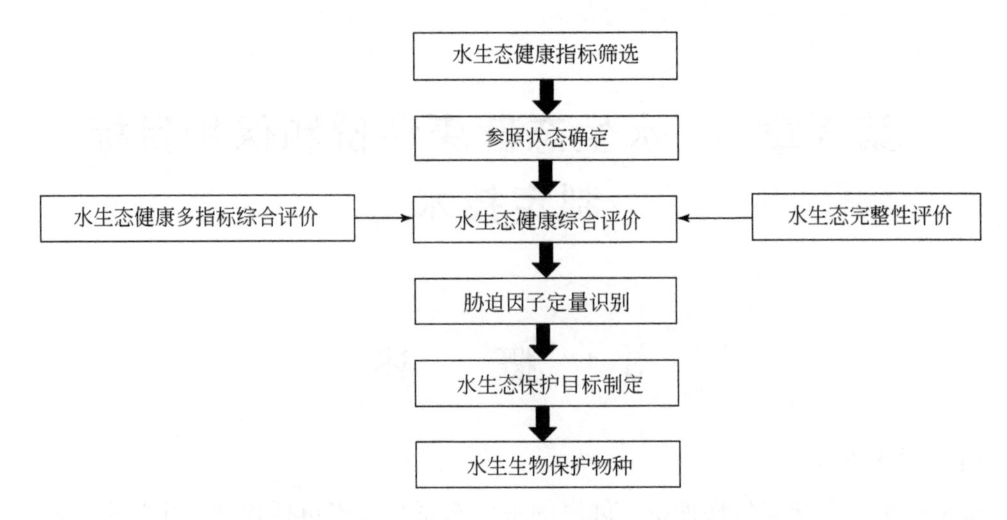

图 3-1　水生态健康评价和保护目标技术流程

3.2　关键技术

3.2.1　基于压力状态响应的水生态健康评价指标筛选技术

（1）技术简介

从流域生态系统完整性的角度考虑，反映水生态健康状况的评价指标众多，水生生物具有显著的区域差异性，难以采用同一套评价指标反映各流域水生态健康实际状况，需要构建适合流域特点的水生态健康评价指标体系。本技术选用总体线性回归模型法，通过建立流域压力指标和健康评价指标的响应关系，筛选出适合于不同流域的评估核心评价指标。

（2）技术原理

水生态健康评价指标应该能反映水生态健康的特征，同时指标对人类活动干扰具有明显的响应关系。水生态健康评价核心指标筛选主要基于以下原则：①依据数理统计分析，指标对人类活动干扰具有明显的响应关系；②指标对人类活动的响应与大多数文献中的预测趋势一致；③指标间相互独立、不存在重复信息；④能够反映水生态健康特征。本技术使用总体线性回归模型，筛选对土地利用和水质具有显著响应关系的水生生物参数，以统计分析的显著性检验作为判别候选参数是否有效指使人为活动干扰的依据。在统计分析的基础上，配合专家经验法进行核心参数的筛选。

(3) 技术工艺流程

基于压力状态响应的水生态健康评价指标筛选技术包括“备选指标体系构建—压力源确定—压力响应模型构建—评价指标筛选”等核心步骤（图3-2）。

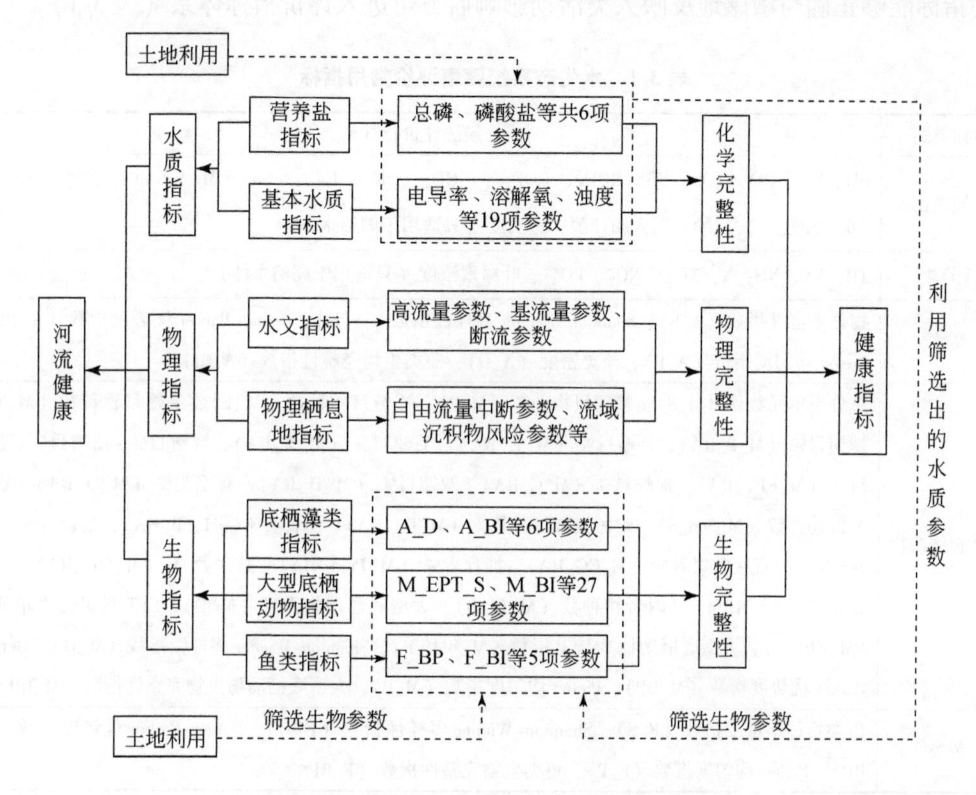

图3-2　流域水生态系统健康评价指数构建流程

具体步骤如下：①构建水生态健康评价理化指标和水生生物指标备选指标体系；②选取流域尺度上土地利用、河道尺度河岸带土地利用以及河段尺度水化学因子作为水生态健康评价压力源；③依据压力指标和健康评价指标定量统计分析，选择适合于不同流域的评估核心指标；④选用回归分析方法，筛选对土地利用和水质具有显著响应关系的水生生物参数。

(4) 核心技术方法

A. 备选指标体系建立

水生态健康评价的指标库总体上包含三个方面指标：①物理指标，包括水文指标与生境指标；②水质指标，包括水体内的营养盐指标与反映人为活动影响的基本水质指标；③水生生物指标，包括藻类指标、大型底栖动物指标和鱼类指标。本技术中仅列出最常用的评价指标，针对不同的监测与评估目的，可相应增加特殊的指标。

本书重点对水化学和水生生物评价指标进行介绍，针对不同的监测与评估目的，可相应增加特殊的指标，但无论是何种指标，都要与压力要素进行统计学分析，确定所选择的指标能够正确与敏感地反映人类活动影响后方可进入评价指标体系（表 3-1）。

表 3-1　水生态系统健康评价常用指标

指标类别	候选评价指标
常规理化	pH、EC、DO、TDS、SS、BOD_5、COD_{Cr}、COD_{Mn}、K^+、Ca^{2+}、Na^+、Mg^{2+}、Cl^-、SO_4^{2-}、HCO_3^-、Alk、SiO_4^{2-}、挥发酚、粪大肠杆菌、透明度（只适用于湖泊水体）
营养盐	TP、TN、NH_3-N、NO_3^-、NO_2^-、PO_4^{3-}、叶绿素浓度（只适用于湖泊水体）
藻类	物种丰富度指数（A_S）、Shannon-Wiener 多样性指数（A_H）、Berger-Parker 优势度指数（A_BP）、Pielou 均匀度指数（A_P）、藻类密度（A_D）、藻类生物完整性指数（A_BI）
大型底栖动物	总分类单元数目（M_S）、襀翅目物种数（M_P）、蜉蝣目物种数（M_E）、毛翅目物种数（M_T）、襀翅目%（M_P_RA）、蜉蝣目%（M_E_RA）、毛翅目%（M_T_RA）、蜉蝣目%+襀翅目%+毛翅目%（M_EPT_RA）、摇蚊科%（M_C_RA）、双翅目%（M_D_RA）、寡毛类%（M_O_RA）、敏感类群物种数（M_Sen_S）、耐污类群物种数%（M_Tol_RA）、滤食者%（M_Fil_RA）、刮食者%（M_Scr_RA）、直接收集者%（M_CG_RA）、捕食者%（M_Pred_RA）、撕食者%（M_Shr_RA）、黏附者%（M_Cl_RA）、黏附者物种数（M_Cl_S）、大型底栖动物密度（M_D）、EPT 科级分类单元数（M_EPT_S）、大型底栖动物 BMWP 指数（M_BMWP）、Shannon-Wiener 多样性指数（M_H）、Berger-Parker 优势度指数（M_BP）、Pielou 均匀度指数（M_P）、大型底栖动物生物完整性指数（M_IBI）
鱼类	鱼类物种丰富度指数（F_S）、Shannon-Wiener 多样性指数（F_H）、Berger-Parker 优势度指数（F_BP）、Pielou 均匀度指数（F_P）、鱼类生物完整性指数（F_BI）

B. 水生态健康压力源确定

人类活动的各个方面都会对水生态系统造成不同程度的影响，主要选取流域尺度土地利用、河道尺度河岸带土地利用和河段尺度水化学特征作为人类活动影响的压力源。

C. 水生态健康评价指标筛选

根据实地采样数据，以土地利用作为环境梯度进行单因子回归和多元回归等回归模型分析，寻找水质评价因子同土地利用之间的关系。根据实地采样数据，以土地利用和水质参数分别作为环境梯度，对水生生物进行单因子回归和多元回归等回归模型分析，寻找水生生物评价因子同土地利用、水化学指标之间的关系。通过对备选因子的筛选，选择那些合理且对人为干扰压力产生响应的水化学因子作为评价指标，选择对土地利用、水质或营养盐等人为干扰梯度产生响应的水生生物参数作为水生生物评价指标。

（5）技术创新点及主要技术经济指标

与以往借鉴国外水生态健康评价指标或各流域采用同一套水生态健康评价指标相比，本技术通过建立水生态健康评价因子与人类活动压力的响应关系，可以根据不同流域特点识别受人类活动影响最强的响应指标，解决了水生态健康评价指标“一刀切”的问题，水生态健康评价指标更科学合理。

（6）应用案例

以太子河流域水生态健康评价指标筛选作为典型案例。压力源确定采用了两种不同的土地利用尺度：流域尺度表示以样点为界上游所有的汇水区面积；缓冲区尺度表示样点上游10km，河两岸各1km的缓冲区。农田、森林和城市用地是所有样点（流域尺度和缓冲区尺度）内最主要的土地利用类型。基于单因子回归和多元回归等回归模型分析压力源和水生态健康评价指标之间的响应关系（表3-2～表3-5），最终确定了太子河流域水生态健康评价指标。

表3-2　水质参数对人为干扰压力的响应

指示因子	生态区	人为干扰压力	响应	调整后的 R^2	显著性
EC	上游林地区	城市用地（流域尺度）	+	0.35	<0.01
	中游丘陵区	城市用地（流域尺度）	+	0.09	<0.10
	下游平原区	城市用地和河道内土地利用（缓冲区尺度）	+	0.18	<0.10
SS	上游林地区	森林（流域尺度）	−	0.41	<0.001
	中游丘陵区	森林（流域尺度）	−	0.19	<0.05
	中游丘陵区	农田（缓冲区尺度）	+	0.18	<0.05
TDS	上游林地区	森林（流域尺度）	−	0.22	<0.05
挥发酚	中游丘陵区	城市用地（缓冲区尺度）	+	0.25	<0.05
DO	下游平原区	河道内土地利用（流域尺度）	−	0.23	<0.05
	下游平原区	河道内土地利用（缓冲区尺度）	−	0.10	<0.10
BOD_5	下游平原区	河道内土地利用（缓冲区尺度）	+	0.29	<0.01
COD_{Mn}	下游平原区	河道内土地利用（缓冲区尺度）	+	0.29	<0.01
PO_4^{3-}	中游丘陵区	森林（流域尺度）	−	0.79	<0.001
	下游平原区	城市用地（缓冲区尺度）	+	0.28	<0.05
	下游平原区	城市用地（流域尺度）	+	0.38	<0.01
	下游平原区	城市用地（缓冲区尺度）	+	0.15	<0.05
NH_3-N	中游丘陵区	城市用地（流域尺度）	+	0.17	<0.05
	下游平原区	城市用地（流域尺度）	+	0.38	<0.05
TN	下游平原区	城市用地（缓冲区尺度）	+	0.38	<0.01

续表

指示因子	生态区	人为干扰压力	响应	调整后的 R^2	显著性
Alk	上游林地区	城市用地（流域尺度）	+	0.38	<0.001
Ca^{2+}	上游林地区	城市用地（流域尺度）	+	0.25	<0.01
Na^{+}	上游林地区	城市用地（流域尺度）	+	0.15	<0.05
	中游丘陵区	森林（流域尺度）	−	0.18	<0.05
	中游丘陵区	农田（缓冲区尺度）	+	0.38	<0.01
	下游平原区	河道内土地利用（流域尺度）	+	0.31	<0.01
	下游平原区	城市用地和河道内土地利用（缓冲区尺度）	+	0.31	<0.05
Mg^{2+}	上游林地区	森林（流域尺度）	+	0.17	<0.05
Cl^{-}	中游丘陵区	森林（流域尺度）	−	0.13	<0.10
	下游平原区	城市用地（流域尺度）	+	0.25	<0.05
SO_4^{2-}	下游平原区	城市用地（流域尺度）	+	0.35	<0.01
粪大肠杆菌	中游丘陵区	农田（流域尺度）	+	0.17	<0.05
	中游丘陵区	农田（缓冲区尺度）	+	0.13	<0.10

表 3-3　藻类指示因子对人为干扰压力的响应

指示因子	生态区	人为干扰压力	响应	调整后的 R^2	显著性
A_BI	下游平原区	农田（流域尺度）	−	0.18	<0.05
	中游丘陵区	DO	+	0.38	<0.01
	下游平原区	NH_3-N	−	0.15	<0.05
A_BP	下游平原区	NH_3-N	+	0.31	0.10

表 3-4　大型底栖动物指示因子对人为干扰压力的响应

指示因子	生态区	人为干扰压力	响应	调整后的 R^2	显著性
M_S	下游平原区	森林（缓冲区尺度）	+	0.33	<0.0001
	上游林地区	EC	−	0.15	<0.0001
	上游林地区	TP	−	0.32	<0.0001
	下游平原区	NH_3-N	−	0.38	<0.0001
M_BMWP	下游平原区	森林（缓冲区尺度）	+	0.48	<0.001
	上游林地区	EC	−	0.21	<0.05
	上游林地区	TP	−	0.27	<0.05
M_EPT_S	下游平原区	森林（缓冲区尺度）	+	0.59	<0.0001
	上游林地区	EC	−	0.16	<0.0001
	上游林地区	TP	−	0.38	<0.0001
M_BP	中游丘陵区	DO	−	0.13	<0.1

表 3-5　鱼类指示因子对人为干扰压力的响应

指示因子	生态区	人为干扰压力	响应	调整后的 R^2	显著性
F_S	下游平原区	城市用地（流域尺度）	-	0.32	<0.0001
	上游林地区	城市用地（缓冲区尺度）	-	0.19	<0.0001
	下游平原区	EC	-	0.10	<0.0001
	下游平原区	TP	-	0.19	<0.0001
F_BI	下游平原区	森林（缓冲区尺度）	+	0.61	<0.0001
	中游丘陵区	城市用地（缓冲区尺度）	-	0.13	<0.1
	下游平原区	EC	-	0.19	<0.05
	下游平原区	NH_3-N	-	0.47	<0.01
F_BP	中游丘陵区	NH_3-N	+	0.11	<0.1

3.2.2　水生生物评价指标参照状态确定技术

(1) 技术简介

本技术通过对国内外研究成果的集成，明确了参照状态内涵和定义，集成建立了参照状态确定的主要方法，如空间参照点法、专家判断法、模型法、古生态法、历史状态法。根据研究区人类干扰程度、数据可得性及不同方法的适用条件，构建了水生生物评价指标参照状态确定的技术流程。

(2) 技术原理

水生生物完整性是国内外水生态评价体系的核心要素，其理论基础认为水生生物群落属性（包括种类组成、多样性、功能结构等）随着人类干扰强度的增加呈退化趋势。准确开展水生生物完整性评价的重点是确定未受人类干扰情况下水生生物群落指标的参照状态。参照状态是评价基准确定和评价标准等级划分的依据。本技术在总结国内外相关研究的基础上，分析了参照状态的内涵及定义，梳理了确定参照状态的主要方法，探讨了不同方法的优缺点和适用性，并结合我国现行水环境管理的特点和需求，提出了水生生物评价指标参照状态确定的技术方法。

(3) 技术工艺流程

水生生物评价指标参照状态确定技术的工艺流程为“建立数据集—参照状态确定方法筛选—参照状态初步确定—确定参照状态”（图 3-3）。

A. 建立数据集

根据相关规范和要求，开展标准化监测，或收集研究区历史资料，获得水生生物

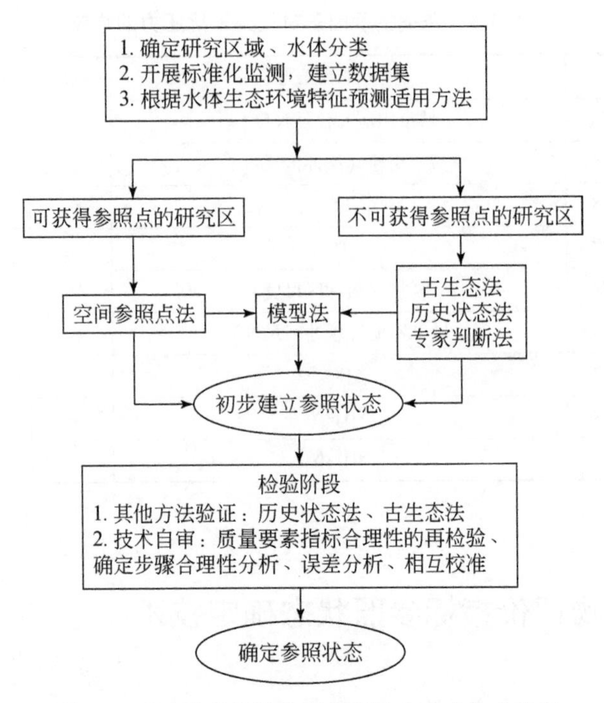

图 3-3　水生生物评价指标参照状态确定技术流程

数据。

B. 参照状态确定方法筛选

对研究区生态环境特征进行初步调查，初步确定适合用于确定参照状态的方法，可获得参照点的研究区，可采用空间参照点法；不可获得参照点的研究区，可采用古生态法、历史状态法、专家判断法、模型法等确定参照状态。

C. 参照状态初步确定

根据筛选的原则，初步确定各水生生物指标的参照值，各方法具体如下。

a. 空间参照点法

空间参照点法是指在一些未受严重人类干扰的区域，选择量化一组最低或最不受人类活动干扰地点的生物状况作为参照状态。使用该方法时，可选择同一水体内受人类活动干扰较小的水域作为参照点，或选择与待评价水体类型类似，受人类活动干扰较小、结构和功能状态良好的其他水体作为参照点。

空间参照点法确定参照状态一般基于统计学方法，适用于至少有一部分水体生态状态较好或同一水体内有多个采样点生态状况较好的研究区。统计学方法主要分为参照水体法和水体群体参照法，其中参照水体法适用于水体生态环境状况较好并能获得足够多参照点的情况，可选择状态较好多个样点的数据作频率累积分布图，根据参数对干扰的响应特征，选择25%或75%分位数作为参照值。水体群体参照法适用于研究区人类干扰较强，无法获得足够参照点的情况，选取全部样点数据的5%或95%分位数作为参照值。需要注意的是，分位数的选择并不是固定的，可根据人类干扰程度和参照点数量进行调整，选择合适的分位数确定参照值。例如，研究区受到较大人类干扰影响时，应选取更严格的标准确定参照值。

空间参照点法是最常用的方法，被认为是最实用可靠的方法，其最大优点是考虑了时间和空间变化，但该方法往往需要大量的数据支撑。

b. 专家判断法

经验丰富的生态学家能够在缺乏历史背景条件、采样条件等情况下依据专业知识建立相对合理的参照状态。严重的人类干扰通常难以用明确的方式量化，但专家的专业判断可以为参照状态提供有效的参考。使用专家判断法的理想情况需要专家具有良好的生态学理论基础，能够描述得出结论的过程，且不同专家所得结论应具备可重复性，同时，对于专家设置的参照状态需具有详细、充分的说明。

该方法的不足是可能受到社会大环境，如对环境保护重视程度、法律法规实施程度的影响。另外，专家判断法具有很强的主观性，降低了结果的透明度，并缺少一定的定量措施来证实专家判断的结论。该方法还具有静态性的缺陷，难以反映生态系统中动态、固有的变化。因此，一般不建议单独使用专家判断法，应与其他方法结合。该方法常被用于定义和确定参照状态与恢复目标。

c. 古生态法

古生态法可以分为直接法和间接法。直接法基于沉积物中保存的物种信息确定生物指标的参照值。间接法是利用生物-环境因子的定量关系推断理化因子的参照值，如根据沉积物泥芯的硅藻或摇蚊等数据，基于其与水质参数（如pH、总磷和温度）的定量响应关系，运用转换函数对环境因子和营养状态进行推算，并与已知的污染事件、同位素、孢粉等数据进行校准，从而反演水环境的演化序列。

d. 历史状态法

历史状态法也可理解为时间参照状态法，以水生态质量良好时期的历史数据作为参照状态。通过查阅早期记录、历史标本、论文论著等历史资料确定参照值（Soranno et al., 2011）。但在受人类影响严重且发生明显的环境变化之前，调查和监测数据很少，能追溯到可以作为参照状态的记录很少。因此，利用历史监测数据建立参照状态作用有限，但仍有不少国家认为该方法简单易行，在建立参照状态时会采取该方法，并在此基础上确定指标的评价标准。

历史状态法存在的问题：①没有一个客观的标准去筛选基准年；②在大部分地

区，找到早期较少干扰的状态较为困难。因此，该方法主要受限于数据的可获得性和不确定性（Hering et al., 2010；Borja et al., 2012）。古生态法也存在部分相似问题。因此，国内外一些学者在分析参照状态建立方法时，有时会将两者归纳为一种方法。

e. 模型法

模型法是指在难以获得最低人类干扰区域数据或缺少足够参照点时，可以充分利用区域内或该类水体中可利用的数据，或参考一部分相似水体的数据，通过建立模型推测参照状态。国内外对于模型法确定参照状态并没有明确的说明和分类，且易将生态完整性评价模型与建立参照状态的模型混淆。国内外多位学者对于模型法的划分都不相同（Hawkins et al., 2010；Soranno et al., 2011；许宜平和王子健，2018），主要分为多元线性回归（multiple linear regression，MLR）模型、分类回归树（classification and regression trees，CART）模型、随机森林（random forests，RF）模型。

在建立参照状态时，可综合使用多种方法，尤其是在参照点位很少或缺乏的区域建立参照状态则更为复杂，往往需要综合多种方法。

D. 参照状态检验

建立参照状态方法的不同可能造成不同的固有误差，因此需要进行误差分析来确保参照状态的置信度和精确度。不确定性是水生态评价的固有属性，在建立参照状态时，应剖析不确定性产生的原因（采样误差、鉴定误差、自然变化等）及其对水生态评价所造成的影响。误差来源通常包括采样误差、样品处理误差、鉴定分析误差、生物群落自然变化引起的误差。当使用多种方法建立参照状态时，可使用相同的质量要素进行比较。如果不同方法比较的结果存在显著差异，建议进一步进行专家判断。

参照状态确定还需要对过程和结果进行不断的检验，以确保误差的最小化，以及过程的合理性。该阶段主要包括技术自审、相互验证、专家判断三部分。技术自审是质量要素指标合理性的再检验、步骤的合理性分析、误差分析。相互验证是基于不同时期数据或不同生物类群数据对参照状态进行验证和校准。专家判断则一般用于辅助检验，在有条件的情况下，还可以使用其他方法进行验证，如历史状态法和古生态法。

E. 参照状态应用

确定后的水生生物指标参照状态可以应用于建立水生生物指数评价标准。

（4）核心技术方法和参数

在建立参照状态时，可综合使用多种方法。在欧美国家，最常用的是空间参照点法和专家判断法，其次为历史状态法。由于每种方法的适用性、优缺点各不相同（表 3-6），综合考虑多种方法可以提高结果的准确性。

表 3-6　参照状态确定方法的适用性及优缺点

方法	适用性	优点	缺点
空间参照点法	适用于在生态区域中存在没有受人类干扰（极小干扰状态）或干扰很小（最少干扰状态）的水体	相对容易直接或间接建立。调查中会包含自然的时空变化。被认为是最透明、实用和可靠的方法	确定原始甚至极少受干扰的参照点是困难的。某些情况下无法区分人类干扰引起的变化。样点需覆盖足够大的空间范围去排除水体固有的自然变化
古生态法	可用于区域内水体历史监测数据不足的情况，也可以用于基准值的验证。它适用于缺乏历史数据，水体流动性差，沉积物很少扰动的水体。对于浅水流域，由于扰动相对大，其只可作为其他方法的参考验证	采样站点明确，无需参照水体。可用于验证其他方法的有效性。如果土地利用与生态系统组成及功能关系显著，可以推测在土地覆被还未受到干扰和改变时生物质量要素的状态	该方法在推断过程中需要大量的校准数据、复杂分析和专家解释。目前研究还不够系统，只在部分地区有使用。沉积物中有机物的留存通常较为贫乏，而且残骸只限存在于少数生物类群。常需要精确到地点和生物体，因此可能在按照水体类型建立参照状态时只有部分价值。校准数据集的选择不同，可能导致结果的不同
模型法	适用于当一个给定的水体或区域很少或没有可利用的数据时。可用于确定受人类影响较严重水体的参照状态。特别是在利用其他方法难以建立参照状态时	能够建立连续的评价基线，对水体环境条件要求不高，多数情况下不需要很多的参照点。可在大空间尺度上使用。对于使用者的专业知识要求较低，且该方法允许推断可能的因果关系，具有使用前景。可通过模型的部分转换而用于其他质量要素的推测	为实现高稳健性的模型预测，需要在空间和时间上高分辨率的数据集对模型进行校准与验证，花费较高，且在许多生态区域中不存在这样的数据集。一个模型往往只针对一种水体类型和生态区，因此，模型预测在生态区之间的适用性是未知的。该方法的复杂性往往会使利益相关者和决策者的透明度与可靠性降低
历史状态法	无法找到极小干扰状态和最少干扰状态时可用，但如果缺少历史资料则无法使用。只有当该水体具有某一历史时期水质很好，且有调查和监测数据时可采用该方法	通过研究这些类型的记录，可提供对某些受到巨大人类干扰之前存在条件的参考。可以验证其他方法的有效性。时间的变化将被考虑其中	采集样品和分析方法的不同会导致存在可疑数据，数据质量也无法确保。数据可用性通常是有限的，往往只有定性数据可用，该方法会受限于历史数据的可获得性和质量的未知性。使用时，需要结合其他方法。所获得的数据通常是静态监测，不包括与自然生态系统相关的动态和固有变化，且气候变化的影响会使得这种方法仅具有适度的效用。由于人类干扰的差异，不同地区的实际时间段将明显不同

续表

方法	适用性	优点	缺点
专家判断法	很少单独使用，常用于补充其他方法，或与其他方法结合，也常用该方法验证参照状态确定的准确与否	该方法稳健可靠，适用于任何地理区域，非常实用。其他方法与专家判断结合使用常被用于定义、确定以及验证参照状态和目标	所获得的测量通常是静态的，不包括与自然生态系统相关的动态和固有变化。数据可用性通常是有限的（例如，只有定性数据可用）。可能受到社会大环境的影响。可能会引入主观性（如认为过去总是更好的普遍看法）和偏见（如专家可能会忽视某些站点具有低的自然多样性）。它通常受专家对参照状态的叙述清晰度等影响。对于利益相关者而言，这种方法不够透明，且没有很好的定量方式去验证它

（5）技术创新点及主要技术经济指标

当前，我国水环境管理正从单一水质目标管理向水质、水生态双重管理转变的发展阶段，水生态状态评价逐渐成为设定环境管理目标和制定保护修复措施的重要依据，其中确定参照状态是准确评价水生态状况的基础，本技术集成了水生生物评价指标参照状态确定的技术流程，适用于我国不同区域和水体类型生物评价方法，是水生态功能分区管理的重要依据之一。

（6）实际应用案例

以巢湖流域为研究区，水生态系统类型区的确定以巢湖流域水生态功能二级分区为基本分区依据，分为西部丘陵区和东部平原区，应用空间参照点法确定水生生物评价指标的参照状态（表3-7和表3-8）。着生藻类分类单元数以巢湖流域调查191个样点的95%分位数作为参照状态，5%分位数作为临界阈值；Berger-Parker指数采用0.90和0.10。大型底栖无脊椎动物分类单元数标准以巢湖流域调查191个样点的95%分位数作为参照状态，考虑到丘陵区、平原区和湖泊的差异，分别建立参照状态；FBI（family biotic index）以点位所在区域95%分位数作为参照状态，5%分位数作为临界阈值（负向指标以5%分位数作为参照状态，95%分位数作为临界阈值）；Berger-Parker指数以0.90和0.10作为临界阈值和参照状态（高俊峰等，2016）。

表3-7　巢湖流域河流水生生物评价指标参照状态

指标类型	指标	适用性范围	参照状态
着生藻类	分类单元数	所有样点	28
	优势度指数	所有样点	0.14

续表

指标类型	指标	适用性范围	参照状态
底栖生物	分类单元数	山区	28
		平原	19
	FBI	山区	1.82
		平原	4.18
	优势度指数	山区	0.19
		平原	0.25
鱼类	分类单元数	所有样点	8
	优势度指数	所有样点	0.29

表 3-8 巢湖湖体水生生物评价指标参照状态

指标类型	指标	适用性范围	参照状态
浮游生物指标	分类单元数	所有样点	22
	优势度指数	所有样点	0.19
	蓝藻密度比例	所有样点	0
底栖生物指标	分类单元数	所有样点	11
	FBI	所有样点	6.00
	优势度指数	所有样点	0.16
鱼类生物指标	分类单元数	所有样点	5
	优势度指数	所有样点	0.4

3.2.3 水生态健康多指标综合评价技术

(1) 技术简介

水生态系统由水生生物及其栖息环境构成，水生生物是水生态系统的核心组成，水文、物理、化学是维持水生态系统的支撑条件。水生态健康由水生生物及其环境共同表征，所以采用综合反映水生态系统状况的多要素指标进行综合表征是基本思路。本技术以化学完整性（常规理化、营养盐）、生物完整性（藻类、底栖动物、鱼类）为健康评价核心要素，建立了一套涵盖“指标筛选—阈值确定—综合评价—等级划分”的全链条我国本土化水生态健康评价技术方法。

(2) 技术原理

我国流域生态系统复杂，水文气象条件迥异，水生生物物种组成及群落结构特征具有显著的区域差异。因此各流域难以采用同一套水生态评价指标和标准，国外评价方法更是难以直接引用，需要结合流域/区域水生态系统特点，筛选对环境压力敏感且具有较好表征作用的指标，制定差异化的评价标准，是水生态健康评价结果科学性的关键。本技术综合河流物理、化学和水生生物等多类型评价指标，基于压力–响应关系筛选能够有效指示环境压力的评价指标，针对强干扰流域、弱干扰流域等需求，分别根据参照点位定量化筛选、压力响应模型法等技术方法确定指标阈值范围，在对指标进行归一化处理和指标赋权的基础上进行综合计算，最终构建能够全面反映河流健康状况的综合评价指数。

(3) 技术工艺流程

基于压力状态响应的水生态健康评价指标筛选技术包括“本土指标体系构建—评价指标筛选—评价标准确定—综合得分计算—健康等级划分”等核心步骤（图3-4）。

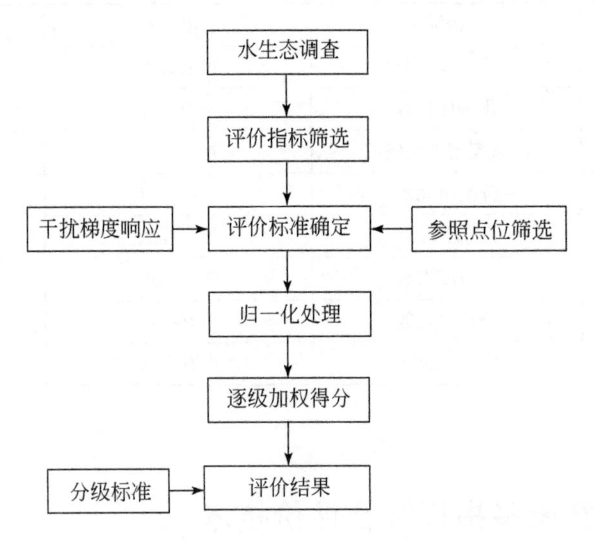

图3-4　水生态健康多指标综合评估技术

具体步骤如下：①对国外水生生物评价指数在我国流域的适用性进行系统评估，构建本土化的候选指标体系。②依据适宜性评价指标对环境压力具有敏感响应的原则，建立压力状态梯度关系模型，选择适用的评估核心指标。③参考国家水质标准、文献、模型模拟等技术手段，确定不同健康评价指标的参照值、临界值。其中，参照值为生态系统完全未受到或仅受到微弱人为活动干扰时，评价指标的最大值；临界值为生态系统处于管理下限时界限值，当评价指标小于临界值时，则表明水生态系统超过了管理的下限要求，应启动相应的水生态系统管理和修复策略。④依据各评价指标的参照值和临界值，对所有评价指标进行标准化，并根据不同评价指标对水生态健康贡献的强弱分配权重，计算各样点的健康综合得分。⑤根据水生态健康综合得分平均设定5个健康等级标准，包括“优、良、中、差、劣”，最终得到水生态健康评价等级。

（4）核心技术方法

A. 评价指标筛选

以土地利用类型面积作为首要压力指标，利用总体线性回归模型法，筛选对土地利用面积和水质具有显著响应关系的水生生物指标，以相关性分析显著性检验作为判别候选指标是否有效指示人为活动干扰的依据；筛选对土地利用有显著响应关系的水质指标作为评价指标。技术方法参见3.2.1。

B. 评价标准确定

参照条件的制定，是目前国内外水生态系统健康评价的难点，本技术中依次按照以下步骤确定水生态健康评价指标的参照条件：①依据国家地表水、饮用水等水质标准，确定水质评价指标的参照条件。②依据国内外文献调研，确定不同物理、化学和生物指标的参照条件。③依据本地区水生态系统研究成果，确定不同类型指标的参照条件。④对于能找到参照点位的水体，选择参照点位数据的25%或75%分位数作为参照值和临界值（当指标值越大代表河流健康状况越好时，以75%和25%百分位值作为参照值和临界值）。对于受人类干扰较强，无法获得足够参照点的情况，选取全部样点数据的5%或95%分位数作为参照值和临界值（当指标值越大代表河流健康状况越好时，以95%和5%百分位值作为参照值和临界值）。

C. 评价指标标准化

由于各类型评价指标的数值范围和数量级相差悬殊，必须通过对评价指标进行标准化处理，使不同评价指标处于同一数量级以便进行加权合并，为后续综合得分计算奠定基础。

各个评价指标均以参照值为最佳状态，以临界值为最差状态，进行评价指标的标准化计算。

应用标准化公式对评价指标完成标准化，各指标理论分布范围为0～1。对于小于0的指标值记为0，大于1的指标值记为1：

$$S=1-\frac{(|T-X|)}{(|T-B|)} \tag{3-1}$$

式中，S为评价指标的标准化计算值；T为参照值；B为临界值；X为指标实际值。

D. 综合评价

水生态健康评价综合得分采用分级指标评分法，逐级加权，综合评分。包括样点上分项评价指标综合得分计算、样点上评价综合得分计算、流域上分项评价指标综合得分平均、流域上评价综合得分平均。

水生态健康综合得分的范围为0~1，根据水生态健康综合得分平均设定5个健康等级标准，包括优、良、中、差和劣，每个健康等级设定标准和水生态系统健康状况描述见表3-9。

表3-9　水生态健康等级划分标准

水生态健康等级	得分	描述
优	(0.8, 1]	水生态系统未受到或仅受到极小的人为干扰，并且接近水生态系统的自然状况
良	(0.6, 0.8]	水生态系统受到较少的人类干扰，极少数对人为活动最敏感的物种有一定程度的丧失
中	(0.4, 0.6]	水生态系统受到中等程度的人为干扰，大部分对人为干扰敏感的物种丧失，水生生物群落以中等耐污物种占据优势
差	(0.2, 0.4]	水生态系统受到人为干扰程度较高，对人为活动敏感的物种全部丧失，水生生物群落中等耐污和耐污物种占据优势，群落呈现单一化趋势
劣	(0, 0.2]	水生态系统受到人为干扰严重，水生生物群落以耐污物种占据绝对优势

(5) 技术创新点

针对目前国内缺乏水生态健康规范化技术路线的难点，本技术形成了一整套可比肩国际水平的规范化划定技术方法，包括规范核心指标筛选、指标量纲统一、评价标准确定、综合得分计算等技术步骤，解决了以往水生态健康评价步骤不规范、评价等级不统一等问题。

(6) 应用案例

以辽河流域水生态健康多指标综合评价作为案例。辽河干流及支流水生态系统调查在2009年5月~2010年8月进行，设置采样点453个，采集样品为水化学样品、浮游藻类、大型底栖动物、鱼类。

按照水生态健康多指标综合评价技术，结合辽河流域水生态调查结果，确定辽河流域的水生态健康评价指标包括水体化学指标和水生生物指标。其中，水化学指标包括水体理化指标和水质营养盐指标，水生生物指标包括着生藻类、大型底栖动物和鱼类。

参与水生态健康评价的水质数据，按照《地表水环境质量标准》(GB 3838—2002)，确定阈值为地表水Ⅴ类的标准，期望值为地表水Ⅰ类的标准。参与水生态健康评价的生物数据，除了藻类和鱼类的Shannon-Wiener多样性指数（H'）和BMWP指数外，其余指数均以95%分位数作为期望值，以5%分位数作为其阈值。据刘保元

1984 年所提及的方法并结合辽河流域的具体情况，确定藻类和鱼类 H' 期望值为 3，阈值为 0；BMWP 指数的期望值和阈值的确定，按照 Hellawell 1986 年所提及的方法，认为地区和丘陵型河流的期望值是 131，阈值是 0；平原型河流的期望值是 81，阈值是 0（表 3-10）。

表 3-10　水生态系统健康评估指标期望值与阈值

指标类型	评估指标	适用性范围	期望值	阈值
水质理化指标	EC	全部	400	1500
	DO	全部	7.5	2
	VP	全部	0.002	1
	BOD_5	全部	3	10
	COD_{Mn}	全部	2	15
水质营养盐指标	TN	全部	0.2	2
	TP	全部	0.02	0.04
	NH_3-N	全部	0.15	2
藻类	*S*	全部	95%分位数	5%分位数
	H'	全部	3	0
	D	全部	95%分位数	5%分位数
	A-IBI	全部	95%分位数	5%分位数
大型底栖动物	*S*	全部	95%分位数	5%分位数
	%EPT	山区型河流	0.48	0
		丘陵型河流	0.36	0
		平原型河流	0.17	0
	D	全部	3	0
	BMWP	山区和丘陵型河流	131	0
		平原型河流	81	0
鱼类	*S*	全部	95%分位数	5%分位数
	H'	全部	3	0
	D	全部	95%分位数	5%分位数
	F-IBI	全部	95%分位数	5%分位数

根据确定的期望值和阈值，计算各指标数据值，然后按照相应的标准化方法进行标准化，各类指标得分均按等权重相加，计算得到各指标得分，样点总得分=(2×水质理化指标得分+2×水质营养盐得分+3×藻类得分+4×大型底栖动物得分+4×鱼类得分)/15。

通过对辽河流域理化指标、营养盐指标、藻类和大型底栖动物指标的综合评价得出，辽河全流域综合评价平均得分为 0.46，优的比例为 0，良和中的比例分别为 16.5% 和 46.6%，差和劣的比例分别为 34.6% 和 2.3%，说明辽河流域水生态系统健康整体呈一般状态。从评价结果的空间分布特征来看，优和良的点位主要分布于本溪和辽阳段的太子河流域，一般的点位主要分布于太子河的中游及浑河上中游区域。差和较差的点位主要分布于太子河下游及浑河下游（图 3-5）。

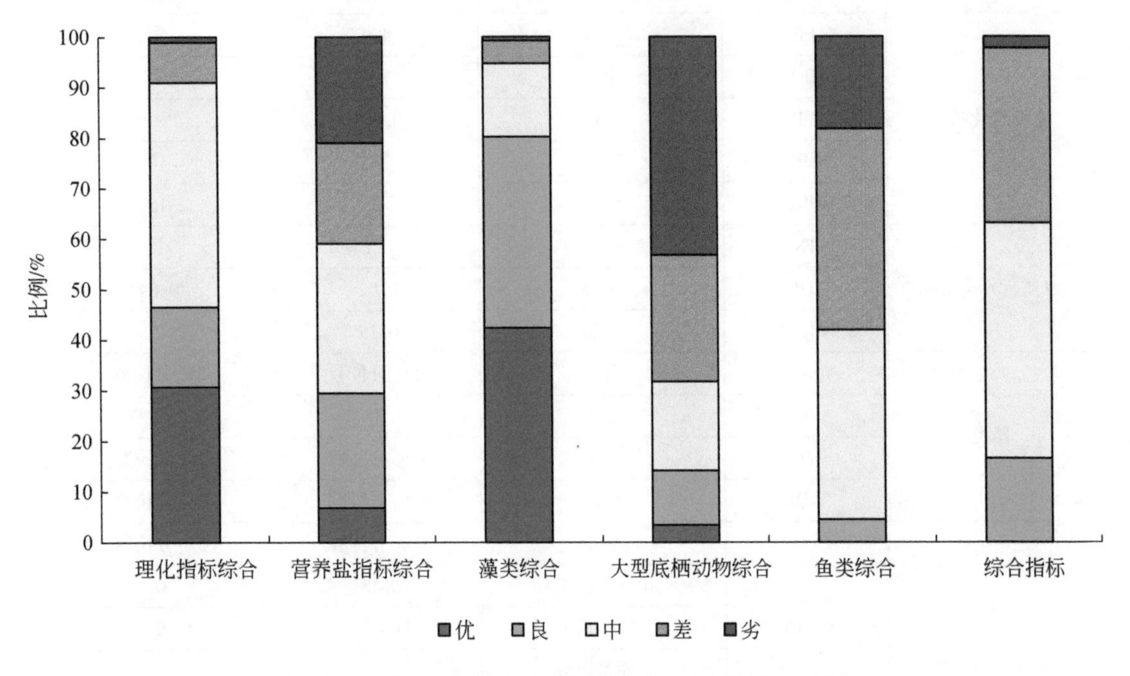

图 3-5　辽河流域水生态系统综合指标健康等级比例

3.2.4　水生态完整性评价技术

(1) 技术简介

基于水生态完整性理论，提出了涵盖生物完整性、水质、栖息地和生态需水共四类要素的水生态完整性评价指标体系（表 3-11）。根据科学实用、衔接管理、循序渐进和操作易行的原则，以生物完整性和水质作为必选要素，并建立了适用于全国不同类型流域的评价指标集。水生态完整性综合评价时，取四类要素评价结果的最低等级为综合评价等级。

表 3-11　水生态完整性评价指标体系

目标层	要素层	指标层		指标类型
		河流系统	湖泊系统	
水生态完整性	生物完整性	着生藻类完整性	浮游藻类完整性	必选指标
		—	浮游动物完整性	备选指标
		底栖动物完整性	底栖动物完整性	必选指标
		鱼类完整性	鱼类完整性	备选指标
	水质	水质基本项目	水质基本项目	必选指标
		—	湖泊营养状态	备选指标
	栖息地	河流栖息地质量	湖泊栖息地质量	备选指标
	生态需水	生态流量或生态水位	生态水位	备选指标

注：备选指标可结合水生态功能区功能定位、生态环境特征、监测监管能力等酌情选择。

（2）关键技术方法

A. 水生生物完整性评价

a. 技术简介

根据河湖自然地理特征和功能等筛选参与评价的水生生物类群，通过监测方案制定、标准化监测、候选参数计算、核心参数筛选、核心参数归一化、完整性指数计算、确定完整性评价标准、验证与修订等步骤，构建适合研究区的水生生物完整性指数，基于标准化监测数据开展水生生物完整性评价，为水生态保护目标制定提供依据。

b. 技术原理

水生生物是河湖生态系统的核心组成部分，长期生活在水体中，受到水体中各种污染物的影响，其群落结构表征了水生态系统的健康状况。生物完整性是水生态完整性的重要组成，指在一个地区的天然栖息地中的群落所具有的种类组成、多样性和功能结构特征，以及该群落所具有的维持自身平衡、保持结构完整和适应环境变化的能力。本技术基于两个理论基础：①水生生物群落完整性将随人为干扰压力增加而降低；②群落不同属性参数对环境压力响应的敏感区间存在差异。本技术基于大量科学研究和实践，提出了具有普适性、易操作的、可推广的水生生物完整性指数标准化构建方法，通过综合生物群落组成、结构、物种性状和功能参数定量描述水生生物完整性，评价水生态状况。

c. 技术工艺流程

河湖水生生物完整性评价技术流程主要包括以下内容（图 3-6）：①明确保护对象，筛选需要评价的水生生物类群；②构建水生生物完整性指数；③开展水生生物完整性评价。

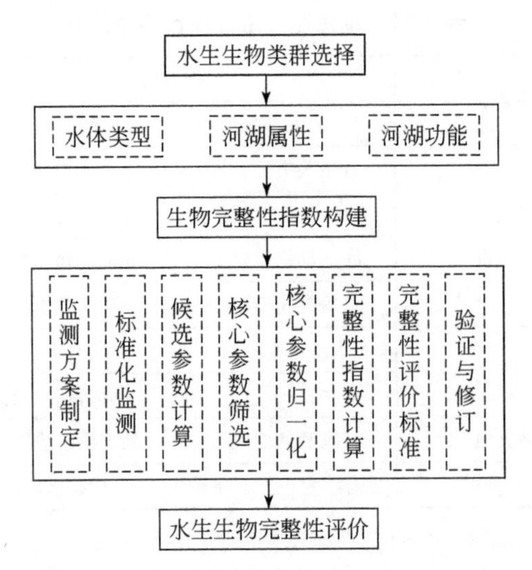

图 3-6　河湖水生生物完整性评价技术流程

1）水生生物类群选择。根据水体类型、河湖属性、河湖功能等筛选需保护的水生生物类群（表 3-12）。筛选特定水体、管理单元或区域的水生生物类群时，应遵循科学实用、因地制宜、衔接管理等原则。河流系统水生生物主要包括着生藻类、底栖动物、鱼类。湖泊系统水生生物主要包括浮游藻类、浮游动物、底栖动物（浅水湖泊）、鱼类。其中河流系统的必选类群为着生藻类和底栖动物，湖泊系统的必选指标为浮游藻类和底栖动物（浅水湖泊），深水湖泊可不考虑底栖动物。实践中，应根据水体的自然地理与生物区系特征、生态功能及管理目的，充分考虑不同生物类群对环境干扰响应的时空尺度差异，选择适合的水生生物类群（表 3-13）。环境变化的长期效应评价首选底栖动物和鱼类，环境变化的短期效应评价则选用着生藻类、浮游藻类或浮游动物。所处区域若有鱼类自然保护区，应将鱼类纳入完整性评价体系。在充分达到评价目的前提下，选择的生物类群可以根据该区域的生物区系特征以及人员、财力的配备情况，适当调整生物要素中的水生生物类群。

2）水生生物完整性指数构建。水生生物完整性指数（IBI）构建的技术流程见图 3-7，包括 8 个步骤：①制定监测方案。明确需要调查的水生生物类群，布设构建 IBI 所需的参照点和受损点。②标准化监测。基于标准、导则、规程等规范性文件，开展水生生物样品的采集、保存和鉴定，获得水生生物群落数据。③候选生物参数计算。基于群落数据，参考候选生物参数集计算反映不同群落属性的参数。④核心参数筛选。基于分布范围检验、判别能力分析、冗余分析，筛选构建 IBI 的核心参数。⑤核心参数归一化。将核心参数的分布范围标准化为 0～1，将正向参数和反向参数对环境干扰的响应方向调整为随干扰增加而降低。⑥完整性指数计算。基于核心参数等权重计算 IBI。⑦完整性评价标准。确定 IBI 的分级阈值和评价标准。⑧验证与修订。对 IBI 的区分率、判别力、稳定性、敏感性进行检验。

表 3-12 河湖水生生物完整性保护的主要类群

目标层	生物类群		指标类型
	河流系统	湖泊系统	
水生生物完整性	着生藻类	浮游藻类	必选指标
	—	浮游动物	备选指标
	底栖动物	底栖动物（浅水湖泊）	必选指标
	鱼类	鱼类	备选指标

表 3-13 不同水生生物类群对环境干扰响应的时间尺度和空间尺度差异

类群	功能	时间尺度	空间尺度
浮游藻类	初级生产者	数天至周	平方米至几十平方米
着生藻类	初级生产者	数天至周	平方米
浮游动物	初级消费者	数天至数周	几十平方米
底栖动物	初级消费者/分解者	数月至年	几十至几百平方米
鱼类	消费者	年至数年	平方千米

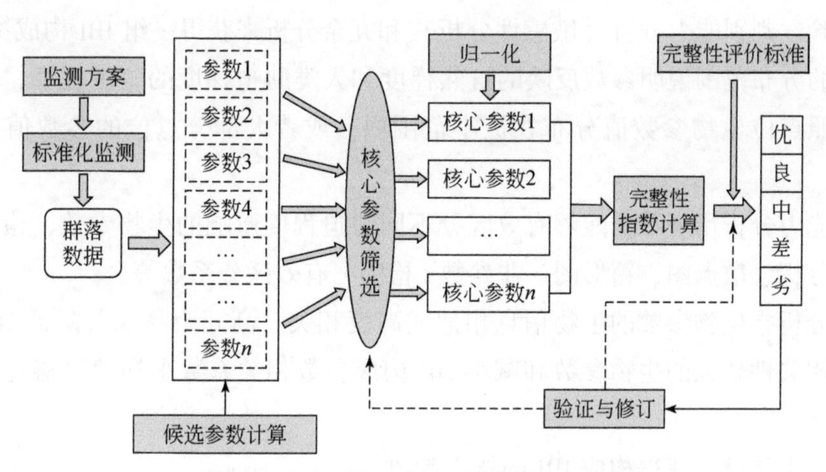

图 3-7 水生生物完整性指数构建技术流程

制定监测方案：在特定水体、管理单元或区域内选择相对生境条件相似、“无干扰压力条件”或“最小干扰压力条件”下的位点以及生境类型作为参照点，选择干扰较强的点位以及生境类型作为受损点。参照点和受损点的确定应基于样点水质、物理生境质量和人类干扰程度等水文、物理、化学状态来判断。一般情况下，建议选择优于Ⅲ类、生境受人为干扰较小的水域设置参照点。针对选择的水生生物类群，依据相关标准，明确监测点位、监测频次、监测方法等内容，编制监测方案。

标准化监测：根据监测方案，依据《生物多样性观测技术导则 淡水底栖大型无脊椎动物》、《生物多样性观测技术导则 内陆水域鱼类》、《全国淡水生物物种资源调查技术规定（试行）》、《河流水生态环境质量监测技术指南（试行）》（征求意见稿）、《湖库水生态环境质量监测技术指南（试行）》（征求意见稿）等规范性文件，开展水生生物标准化监测，完成标本采集、保存、鉴定，获得水生生物群落监测数据。

候选生物参数计算：基于监测数据，计算着生藻类、浮游藻类、浮游动物、底栖动物、鱼类完整性指数的候选生物参数。候选生物参数包括六大类，① 物种丰富度参数。描述群落中分类单元数多样性。②群落组成参数。描述群落中密度和生物量的组成，一般多为相对丰度或相对生物量。③耐受/敏感参数。基于物种对环境压力的敏感和耐受特性，描述环境压力程度的参数。④物种多样性参数。综合分类单元数和群落中个体分布的多样性指数。⑤功能参数。描述食性、栖息习性、繁殖特性等反映群落功能的参数。⑥现存量参数。描述群落总体或某一类群的密度或生物量。候选生物参数集根据其普适性分为推荐和参选两类，在参数筛选过程中，优先考虑推荐参数。

核心参数筛选：构成 IBI 的每个参数必须对环境因子（化学、物理、水动力等）的变化反应敏感，计算方法简便，所包含的生物学意义清楚。一般通过对参数值的分布范围检验、判别能力分析（敏感性分析）和冗余分析来获得一组 IBI 构成参数。

较窄的分布范围说明参数反映的自然梯度和人类胁迫梯度的范围较窄，包括所有点位或参照点位生物参数值分布在极小范围内，或者大部分点位的参数值都为相同数值。

判别能力分析用来筛选能够有效区分不同胁迫程度影响的生物参数，检验方法包括相关性分析、散点图、箱形图、非参数 t 检验、有效区分系数等。

冗余分析指生物参数的生物信息相似或高度相关。高冗余易显著降低 IBI 的可靠性，剔除相关性较强的生物参数和减小 IBI 构成参数相关系数平均值是避免冗余的两种主要方法。

经过以上步骤，获得构成 IBI 的核心参数。

核心参数归一化：根据参数对压力的响应特征，分为正向参数和反向参数，分别进行归一化，使得分布范围介于 0 ~ 1，且使参数值随压力增强而减少。

生物完整性指数计算：采用等权重的方式，将各个核心指标参数记分值平均得出 IBI：

$$\mathrm{IBI}=\frac{\sum_{i=1}^{n}M_i}{n} \tag{3-2}$$

式中，IBI 为水生生物完整性指数；M_i 为筛选后的核心参数；n 为核心参数的个数。

水生生物完整性分级标准：水生生物完整性指数的分级标准，以参照点 IBI 值的 25% 分位数或所有样点 IBI 值的 95% 分位数为基准值（即“优”和“良”边界的阈值），低于参照点位 25% 分位数或所有样点 95% 分位数的分布范围进行四等分，代表生物完整性的不同等级。根据上述方法，确定出由高到低五个等级的划分标准，分别定义为优、良、中、差、劣（表 3-14）。

表 3-14　生物完整性等级划分与分级标准

等级	颜色	内涵
优	蓝色	人类活动没有或极轻微地改变地表水体类型的物理化学与水文形态质量要素值，使其基本符合未受干扰条件下的水体类型质量；生物质量要素基本反映了未受干扰条件下的水体类型状况相对应的生物群落结构，并且没有或极少出现偏离迹象
良	绿色	由于人类活动，地表水体类型的生物质量要素值显示出较轻的偏离，但基本符合未受干扰条件下的水体类型质量
中	黄色	地表水体类型的生物要素值与未受干扰条件下的水体类型标准相比，存在中等程度的偏差。这些要素值表明人类活动导致了中等程度的改变，并且比良好状况受到的干扰更大
差	橙色	地表水体类型的生物质量要素值发生显著改变且其中相关生物群落与未受干扰的正常地表水体类型相比出现了重大偏离
劣	红色	地表水体类型的生物质量要素值发生重大改变且大部分相关生物群落与不受干扰的正常地表水体类型相比缺失

完整性指数验证与修订：根据 IBI 对环境压力的响应特征，采用区分率、判别力、稳定性和敏感性检测，具体检查方法如下。

区分率：基于验证数据集，判断 IBI 能否区分参照点和受损点，区分率大于 75% 则可认为该 IBI 有效。

判别力：基于箱形图及 IQ 值记分法，IQ≥2 则可认为该 IBI 有效。

稳定性：判断构建数据和验证数据参照点得分的变异系数是否处于同一水平，若变异系数处于同一水平可认为构建的 IBI 稳定性较高。

敏感性：应用相关分析判断 IBI 能否识别主要环境胁迫因子，显著相关表明对环境胁迫因子敏感。

IBI 通过上述四种方法验证后可应用于水生生物完整性评价和保护目标制定，未能通过验证的 IBI 需对核心参数筛选和评价标准进行修订，修订后的 IBI 需重新验证，直至通过检验。

3）水生生物完整性评价。基于特定水体、管理单元或区域的河湖水生生物监测数据，应用构建的各类群的水生生物完整性指数，对监测断面的各水生生物类群的完整性进行评价。若构建了多个类群的水生生物完整性指数，取各水生生物类群完整性评价结果的最低等级为水生生物完整性的综合评价等级。

d. 核心技术方法和参数

1）参数分布范围检验。基于箱线图，判断参数值的分布范围和变异情况，剔除具有以下任意情况的参数：①所有点位或参照点参数值的分布范围极小，说明参数反映的自然梯度和人类胁迫梯度的范围较窄。②大部分点位的参数值都为相同数值，异常值个数过多。③对随干扰增强而值越小的一类指数，如果指数值很小，说明受干扰后的可变化范围比较窄，不易准确区分受不同干扰程度的水体，不适宜参与构建 IBI 指数；同理，对干扰越强值越大的指数，若指数值太大，也不适宜参与构建 IBI 指数。

2）参数判别能力分析。经过上一步骤筛选后的参数，绘制参照点和受损点候选参数的箱线图，采用 IQ 值记分法，分析各参数值在参照点和受损点之间的分布情况，比较参照点和受损点的 25%~75% 分位数范围，即箱体 IQ 的重叠情况，判断哪些参数能最佳区分参照点和受损点（图 3-8）。参照点和受损点的 IQ 重叠得越少，说明该指数对人类干扰的响应越敏感。根据箱体重叠程度分为四个类型：①参照点和受损点的箱体没有重叠，IQ 赋分为 3；②部分重叠，但参照点和受损点中位数值都在对方箱体范围之外，IQ 赋分为 2；③箱体大部分重叠，但至少有一方的中位数处于对方箱体范围外，IQ 赋分为 1；④一方箱体在另一方箱体范围内，或双方的中位数都在对方箱体范围内，IQ 赋分为 0。只有 IQ 值≥2的参数才能进入下一步骤。

3）参数冗余分析。针对上一步骤筛选后的参数，采用 Spearman 秩相关分析，获得相关系数矩阵，检验参数反映信息的独立性，相关系数大于 0.7 时表明两个参数的信息重叠，两者选取其一即可。多个参数存在信息重叠时，筛选时需要考虑参数在不同类型参数的分布，保留的参数应尽可能属于不同类型参数，避免所选参数属于一个或少数几个类型。

4）核心参数归一化。正向参数［图 3-9（a）］：对随压力增强而增大的参数，5% 分位数为期望值，95% 分位数为临界值：

$$M_i = \frac{\text{临界值}-\text{参数值}}{\text{临界值}-\text{期望值}} \tag{3-3}$$

反向参数［图 3-9（b）］：对随压力增强而减小的参数，95% 分位数为期望值，5% 分位数为临界值：

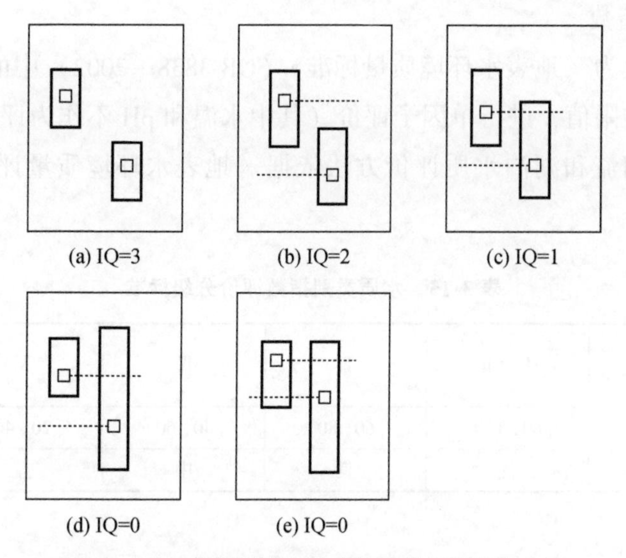

图 3-8　基于箱线图的候选生物参数判别能力分析

$$M_i = \frac{参数值-临界值}{期望值-临界值} \tag{3-4}$$

若归一化结果处于0～1，则该结果即该参数得分，若该参数小于0，记为0；若该参数大于1，记为1，各参数最终得分处于0～1。

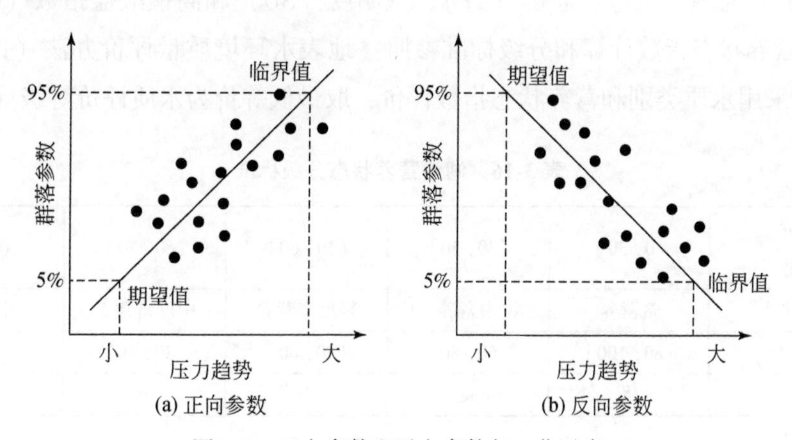

图 3-9　正向参数和反向参数归一化示意

B. 水质评价

水质要素包括两类指标：一类是水质类别指数，适用于河流和湖泊；另一类是湖泊营养状态，适用于湖泊。水质类别指数为必选指标，营养状态为备选指标，存在富营养化和藻类水华风险的湖泊，应将营养状态纳入评价体系。

a. 水质类别指数

水质类别指数为《地表水环境质量标准》（GB 3838—2002）中的基本项目，水质类别评价依据标准限值，进行单因子评价（其中水温和 pH 不作为评价指标），河流总氮不参与评价，河流和湖泊水质评价方法依据《地表水环境质量评价办法（试行）》（表 3-15）。

表 3-15　水质类别指数评价分级标准

水质类别（GB 3838—2002）	Ⅰ、Ⅱ	Ⅲ	Ⅳ	Ⅴ	劣Ⅴ
赋分	[80, 100]	[60, 80)	[40, 60)	[20, 40)	[0, 20)
等级	优	良	中	差	劣

b. 湖泊营养状态

湖泊营养状态评价采用综合营养状态指数，除《地表水环境质量标准》（GB 3838—2002）中的基本项目外，需补充监测叶绿素 a 和透明度，叶绿素 a 的测定方法参照《水质 叶绿素 a 的测定 分光光度法》（HJ 897—2017），透明度的测定方法参照《水环境监测规范》（SL219—2013）。计算综合营养状态指数的项目包括：叶绿素 a（Chl-a）、总氮（TN）、总磷（TP）、透明度（SD）和高锰酸盐指数（COD_{Mn}）共 5 项，综合营养状态指数计算和分级标准参照《地表水环境质量评价办法（试行）》。湖泊系统同时采用水质类别和营养状态指数评价，取最低等价为水质评价等级（表 3-16）。

表 3-16　湖泊营养状态分级标准

综合营养状态指数	(0, 30]	(30, 50]	(50, 60]	(60, 70]	(70, 100]
营养水平	贫营养	中营养	轻度富营养	中度富营养	重度富营养
赋分	[80, 100]	[60, 80)	[40, 60)	[20, 40)	[0, 20)
等级	优	良	中	差	劣

C. 栖息地质量评价

河流栖息地质量评价参数由 10 个指标构成，包括底质、生境复杂性、流速–深度结合特性、河岸稳定性、河道变化、河水水量状况、植被多样性、水质状况、人类活动强度、河岸土地利用类型（表 3-17）。湖库栖息地质量评价参数由 10 个指标构成，包括湖岸组成、湖滨带底质、湖岸稳定性、水量情况、湖岸形态、湖岸植被、大型水生植物、水质状况、人类活动强度、土地利用类型（表 3-18）。

表3-17 河流栖息地质量评价指标及赋分表

评价指标	好	较好	一般	差
河岸稳定性	河岸稳定，无侵蚀痕迹，观察范围内（100m）小于5%河岸受到损害	比较稳定，观察范围内（100m）有5%～30%的面积出现侵蚀现象	观察范围30%～60%面积发生侵蚀，且洪水期可能会有较大隐患	观察范围内60%以上的河岸发生侵蚀
河岸土地利用类型	河岸两侧无耕作土壤，营养丰富	河岸一侧无耕作土壤，另一侧为耕作土壤	河岸两侧耕作土壤，需要施加化肥和农药	河岸两侧为耕作废弃的裸露的风化土壤层，营养物质很少
植被多样性	河岸周围植被种类很多，面积大，河岸植被覆盖50%以上	河岸周围植被种类比较多，面积一般，河岸植被覆盖25%～50%	河岸周围植被种类比较少，面积较小，河岸植被覆盖少于25%	河岸周围几乎没有任何植被，河岸无植被覆盖
人类活动强度	无人类活动干扰或少有人类活动	人类干扰较小，有少量的步行者或自行车通过	人类干扰较大，少量机动车通过	人类干扰很大，交通必经之路，有机动车通过
底质	75%以上是碎石、卵石、大石，余为细沙等沉积物	50%～75%是碎石、鹅卵石、大石，余为细沙等沉积物	25%～50%是碎石、鹅卵石、大石，余为细沙等沉积物	碎石、鹅卵石、大石少于25%，余为细沙等沉积物
栖境复杂性	有水生植被、枯枝落叶、倒木、倒凹河岸和巨石等各种小栖境	有水生植被、枯枝落叶和倒凹河岸等小栖境	以1种或2种小栖境为主	以1种小栖境为主，底质多以淤泥或细沙为主
速度/深度结合特性	慢-深、慢-浅、快-深和快-浅4种类型均有，近乎平均分布	只有3种情况（如快-浅未出现，分值较低）	只有2种情况出现（如快-浅和慢-浅未出现，分值较低）	只有1种类型出现
河道变化	渠道化没有或很少，河道维持正常模式	渠道化较少，通常出现于桥墩周围，对水生生物影响较小	渠道化较广泛，出现于两岸有筑堤或桥梁支柱的情况下，对水生生物有一定影响	河岸由铁丝和水泥固定，对水生生物影响严重，使其栖境完全改变
河水水量状况	水量较大，河水淹没到河岸两侧，或仅有少量的河道暴露	水量比较大，河水淹没75%左右的河道	水量一般，河水淹没25%～75%的河道	水量很小，河道干涸
水质感官	很清澈，无任何异味，河水静置后无沉淀物质	较清澈，轻微异味，河水静置后有少量的沉淀物质	较浑浊，有异味，河水静置后有沉淀物质	很浑浊，有大量的刺激性气体溢出，河水静置后沉淀物很多
得分	16～20	11～15	6～10	0～5

表 3-18 湖库栖息地质量评价指标及赋分表

评价指标	好	较好	一般	差
湖岸组成	75%以上是碎石、卵石、大石，余为细沙等沉积物	40%～75%是碎石、鹅卵石、大石，余为细沙等沉积物	10%～40%是碎石、鹅卵石、大石，余为细沙等沉积物	碎石、鹅卵石、大石少于10%，余为细沙等沉积物
湖滨带底质	75%以上是碎石、卵石、大石，余为细沙等沉积物	40%～75%是碎石、鹅卵石、大石，余为细沙等沉积物	10%～40%是碎石、鹅卵石、大石，余为细沙等沉积物	碎石、鹅卵石、大石少于10%，余为细沙等沉积物
湖岸稳定性	湖岸稳定，无侵蚀痕迹，观察范围内（100m）小于5%湖岸受到损害	比较稳定，观察范围内（100m）5%～30%湖岸出现侵蚀现象	观察范围内30%～60%湖岸发生侵蚀	观察范围内60%以上湖岸发生侵蚀
湖岸形态	维持正常模式，没有人工湖岸、堤坝、护坡等	观察范围（100m）内人工湖岸、堤坝、护坡小于湖岸长度10%，对水生生物影响较小	观察范围（100m）内人工湖岸、堤坝、护坡占湖岸长度10%～40%，对水生生物有一定影响	观察范围（100m）内人工湖岸、堤坝、护坡占湖岸长度75%以上，对水生生物影响严重
湖岸植被	湖岸周围植被种类很多，覆盖面积达75%以上	湖岸周围植被种类比较多，覆盖面积40%～75%	湖岸周围植被种类比较少，覆盖面积10%～40%	湖岸周围植被种类很少，覆盖面积小于10%
人类活动强度	无人类活动干扰或少有人类活动	人类干扰较小，有少量的步行者或自行车通过	人类干扰较大，有少量机动车通过	人类干扰很大，交通必经之路，有机动车通过
土地利用类型	湖岸无耕作土壤，营养丰富	湖岸耕作土壤占50%以下，需要施加一定量量化肥和农药	湖岸耕作土壤占50%以上，需要施加大量化肥和农药	湖岸为耕作废弃的裸露的风化土壤层，营养物质很少
水量情况	水量很大，湖水淹没湖岸，或无湖岸暴露	水量比较大，湖水下降高度或面积小于25%	水量一般，湖水下降高度或面积约25%～75%	水量很小，湖水下降高度或面积超过75%
大型水生植物	大型水生植物种类很多，面积大，覆盖50%以上	大型水生植物种类比较多，面积一般，覆盖50%～25%	大型水生植物种类比较少，面积较小，覆盖少于25%	几乎没有任何大型水生植物
水质感官	很清澈，无任何异味，湖水静置后无沉淀物质	较清澈，轻微异味，湖水静置后有少量的沉淀物质	较浑浊，有异味，湖水静置后有沉淀物质	很浑浊，有大量的刺激性气体溢出，湖水静置后沉淀物很多
得分	16～20	11～15	6～10	0～5

根据多项评价指数得分，采用归一化指数计算栖息地质量综合得分（表3-19）

$$H_j = \sum_{i=1}^{m} H_{i,j} \tag{3-5}$$

$$\mathrm{HSI}_{i,j} = \frac{H_{i,j} - \min H_{i,j}}{\max H_{i,j} - \min H_{i,j}} \tag{3-6}$$

$$\mathrm{HSI}_j=\frac{H_j-\min H_j}{\max H_i-\min H_i} \tag{3-7}$$

式中，H_j为第j点生境质量指标总得分；$H_{i,j}$为第j点第i生境质量指标得分；HSI_j是第j点归一化的生境适宜度指数，$\mathrm{HIS}_{i,j}$是第j点第i生境质量指标归一化的生境适宜度指数，$\max H_j$和$\min H_j$分别是第j点生境质量指标最高得分和最低得分；$\max H_{i,j}$和$\min H_{i,j}$分别是第j点第i生境质量指标最高得分和最低得分。

表3-19　栖息地质量指数评价标准表

栖息地质量指数（H）	等级	说明
H>150	优	干扰小
120<H≤150	良	轻微干扰
90<H≤120	中	轻度干扰
60<H≤90	差	中度干扰
H≤60	劣	重度干扰

D. 生态需水评价

生态需水评价指标用生态流量满足程度和生态水位满足程度，前者只用于河流，后者适用于湖泊或河流。河流优先考虑生态流量满足程度，但对区域内流向不明确、潮汐河流、无流量数据的河流，可用生态水位满足程度。

a. 河流生态流量满足程度

评估河流流量过程生态适宜程度，分别计算4～9月及10月至翌年3月最小日均流量占多年平均流量的百分比，分别计算赋分值，取二者的最低赋分为河流生态流量满足程度赋分（表3-20）。评估断面应选择国家有明确要求的、具有重要生态保护价值或重要敏感物种的水域或行政区界断面。

表3-20　河流生态流量满足程度赋分和分级标准

（10月至翌年3月）最小日均流量占比	赋分	（4～9月）最小日均流量占比	赋分	等级
≥30%	100	≥50%	100	优
20%	80	40%	80	良
10%	40	30%	40	中
5%	20	10%	20	差
<5%	0	<5%	0	劣

b. 生态水位满足程度

评价河湖生态水位满足程度，赋分和分级标准见表3-21。生态水位依据相关规划或管理文件确定的限值，或采用天然水位资料法、湖泊形态法、生物空间最小需求法等方法确定，具体方法参照《河湖生态环境需水计算规范》（SL/Z 712—2014）。

表3-21 生态水位满足程度赋分和分级标准

评价标准	赋分	等级
连续3天平均水位不低于最低生态水位	[80，100]	优
连续3天平均水位低于最低生态水位，但连续7天平均水位不低于最低生态水位	[60，80)	良
连续7天平均水位低于最低生态水位，但连续14天平均水位不低于最低生态水位	[40，60)	中
连续14天平均水位低于最低生态水位，但连续30天平均水位不低于最低生态水位	[20，40)	差
连续30天平均水位低于最低生态水位，但连续60天平均水位不低于最低生态水位	(0，20)	劣
连续60天平均水位低于最低生态水位	0	

E. 水生态完整性综合评价

水生态完整性综合评价时，取四类要素评价结果的最低等级作为水生态完整性状态综合评价等级，并计算对应指标综合指数的等级数值。

（3）技术创新点及主要经济技术指标

水生态完整性由水文、物理、化学和生物等完整性组成，本技术针对水生态完整性表征指标难以选择的问题，依据水生态系统完整性理论，提出了涵盖水生生物完整性、水质、栖息地和生态需水共四类要素的水生态完整性评价指标体系和技术方法，适用于不同类型河湖生态系统，可为水生态状况评价和保护目标制定提供支撑。

（4）应用案例

以鄱阳湖五河尾闾为研究对象，主要包括赣江尾闾区、抚河尾闾区、信江尾闾区、饶河尾闾区、西河及湖东北区、修河及湖西北区和鄱阳湖区。共布设水生态调查样点90个，调查内容围绕水生态完整性评价指标体系涉及的内容，主要通过野外调查、遥感解译、资料收集等方式获取数据。

A. 生物完整性评价

a. 河流着生藻类生物完整性评价

鄱阳湖入湖河流着生藻类生物完整性评价包括物种组成、相对丰富度、群落多样性和营养水平等4类属性，且对环境变化较为敏感的34个藻类生物参数。经过筛选，最终总分类单元数、硅藻分类单元数、Shannon 指数、绿藻生物量等指标作为核心评价指标。评价结果显示，赣江尾间区和修河及湖西北区等级为良，抚河尾间区、信江尾间区、西河及湖东北区和饶河尾间区的评价结果为中。

b. 河流底栖动物完整性评价

大型底栖动物候选参数须满足对环境变化反应敏感、便于计算和所含生物学意义清楚等条件。结合流域实际，选用能体现物种丰富度、耐受性和食性的三大类共 44 个候选参数，经过冗余度、相关性等筛选，最终确定的核心参数包括总分类单元数、双壳类%、Shannon 指数和 ASPT 指数。评价结果显示，修河及湖西北区为优，赣江尾间区、抚河尾间区、信江尾间区、西河及湖东北区为良，饶河尾间区为中。

c. 湖泊浮游藻类完整性评价

参考国内外相关文献和获取数据的可操作性，结合鄱阳湖浮游藻类监测结果，尽可能全面地选取相关参数。包括物种组成、相对丰富度、群落多样性和营养水平等 4 类属性，且对环境变化较为敏感的 34 个藻类生物参数作为候选生物参数，根据冗余度、相关性和敏感性等检验，筛选出 M1 总分类单元数、M15 绿藻密度比、M23 蓝藻生物量比、M28 香农维纳多样性指数这 4 个参数来构建鄱阳湖 P-IBI 指数。评价结果显示，鄱阳湖湖体浮游藻类完整性指数平均得分 0.51，评价等级为“中”。

d. 湖泊底栖动物完整性评价

结合流域实际，选用能体现物种丰富度、耐受性和食性的三大类共 44 个候选参数，通过以上筛选，最终确定鄱阳湖 B-IBI 核心指标由总分类单元数（M1）、Margalef 丰富度指数（M26）、相对敏感类群物种数（M28）、FBI 指数（M34）和刮食者相对丰度（M43）构成。鄱阳湖湖体底栖动物完整性的评价等级为中。

综合以上水生生物类群评价结果，鄱阳湖生物完整性综合评价等级为良，抚河尾间区、饶河尾间区、鄱阳湖湖体评价等级为中，赣江尾间区、信江尾间区、西河及湖东北区、修河及湖西北区评价等级为良。

B. 水质评价

a. 河流水质评价

鄱阳湖春季多数河流水质较优，93% 的断面优于Ⅲ类水或达Ⅲ类水，只有赣江滁槎断面水质为Ⅳ类。夏季与春季相似，各河流监测断面多数依旧保持在Ⅱ ~ Ⅲ类水，Ⅱ类水约占比 21%。Ⅲ类水约占比 71%，只有饶河鄱阳花园Ⅳ类水，超标物质为 TN。秋季各河流监测结果都优于Ⅲ类水或为Ⅲ类水，Ⅱ类水约占比 39%。Ⅲ类水约占比 71%。冬季与前三个季节相比，部分河流断面水质较差，饶河赵家湾为Ⅴ类水，超标物质为 TN，修河吴城断面由于氨氮严重超标，为劣Ⅴ类水。冬季西河 6 个监测断面中有5个断面优于Ⅲ类水或为Ⅲ类水，剩余一个断面为Ⅳ类水，超标物质是高锰酸盐。整体来看，各河流监测点水质在春、夏、秋三个季节水质较优，多数保持在Ⅱ～Ⅲ类水，冬季水质较差。

评价结果表明：修河及湖西北区评价结果为优，赣江尾闾区、抚河尾闾区、信江尾闾区、饶河尾闾区、西河及湖东北区评价结果为良。

b. 湖泊营养盐评价

鄱阳湖湖体共4个监测断面，总体来看全年水质春季较好，秋冬季节水质较差。春季约有94%的断面优于Ⅳ类水或Ⅳ类水。夏季湖泊水质Ⅳ类～Ⅴ类水，Ⅳ类水约占比35%，Ⅴ类水约占比65%。秋季约有88%的监测断面保持在Ⅳ类～Ⅴ类水。冬季主湖区都昌、白沙洲断面水质为Ⅲ类，主湖区三山断面水质为劣Ⅴ类，莲湖监测断面水质为劣Ⅴ类。

通过对鄱阳湖综合营养状况进行逐月综合计算得到各个月份营养状态指数，营养状态指数均值为53，全年综合评价等级为“中”。

C. 栖息地评价

根据栖息地生境质量评价技术方法，抚河尾闾区、饶河尾闾区、信江尾闾区评价等级为中，赣江尾闾区、西河及湖东北区、修河及湖西北区、鄱阳湖湖体评价等级为良。

D. 生态需水评价

基于2003～2016年年均流量计算得到鄱阳湖生态需水指标评价得分，抚河尾闾区、饶河尾闾区、西河及湖东北区评价等级为良，信江尾闾区评价等级为中，赣江尾闾区、修河及湖西北区评价等级为优，鄱阳湖湖体评价等级为优。

E. 生态完整性综合评价

综合四个要素的评价结果，对鄱阳湖主要入湖河流区进行综合评价，结果显示赣江尾闾区、修河及湖西北区、西河及湖东北区评价等级为良，抚河尾闾区、信江尾闾区、饶河尾闾区评价等级为中。各区最主要的限制因素略有差异，抚河尾闾区、信江尾闾区、饶河尾闾区河流栖息地质量是限制性因子，此外抚河尾闾区、饶河尾闾区生物完整性评分较低，抚河尾闾区水资源开发利用程度较高，生态流量仅仅达到良等级。

综合四个要素的评价结果，对鄱阳湖湖体进行综合评价，综合评价等级为“中”。四个要素中，鄱阳湖湖体最主要的限制因素为水质，水质状况综合状况等级为“中”，主要原因是部分监测断面总磷超标，富营养化程度较高。

3.2.5 河湖水生生物完整性胁迫因子定量识别技术

(1) 技术简介

基于水生生物和环境因子调查数据，将水生生物群落表征指标分为单指标和群落组成两类，根据指标类型及水生生物对环境因子的响应特征，选择线性模型和非线性模型方法，基于回归分析和排序分析，筛选影响水生生物群落的环境因子，结合变差分解（variance partitioning）和多指标分析结果，确定限制河湖水生生物完整性的关键胁迫因子，并建立典型指标与胁迫因子的响应关系，分析保护水生生物的环境因子阈值。

(2) 技术原理

根据水生态系统完整性理论，一个健康的流域生态系统，应当包括水文、物理、化学和水生生物完整性，其中水生生物完整性是核心，维持水生生物完整性的基础是改善水文、物理、化学条件以满足水生生物的需求。恢复水生态完整性重要的是对水生态系统结构的保护和修复，因此有必要识别出水生生物完整性的关键胁迫因子。本技术主要基于：①水生生物完整性涵盖了物种组成、多样性和功能结构等属性，需综合分析影响水生生物完整性不同方面的胁迫因子；②自然界水生生物群落对环境压力的响应往往呈非线性关系，需基于非线性的方法诊断影响水生生物完整性的关键因子。因此，针对表征生物完整性的单指标和群落组成数据，提出了涵盖线性和非线性响应的技术方法，进而识别影响水生生物完整性的关键胁迫因子，分析保护水生生物的环境因子阈值。

(3) 技术工艺流程

河湖水生生物完整性胁迫因子定量识别技术流程主要包括以下内容（图3-10）：①水生生物和环境因子数据获取；②水生生物完整性表征指标计算；③表征指标与环境因子关系分析；④胁迫因子识别；⑤响应关系构建与阈值分析。

A. 水生生物和环境因子数据获取

根据制订的监测方案，依据《生物多样性观测技术导则 淡水底栖大型无脊椎动物》《生物多样性观测技术导则 内陆水域鱼类》《全国淡水生物物种资源调查技术规定（试行）》《地表水环境质量标准》等规范性文件，开展水生生物和水环境综合调查，获取基础数据。环境因子数据一般包括四类：水质理化因子、沉积物理化因子、栖息地因子、水动力因子（如流速）等。

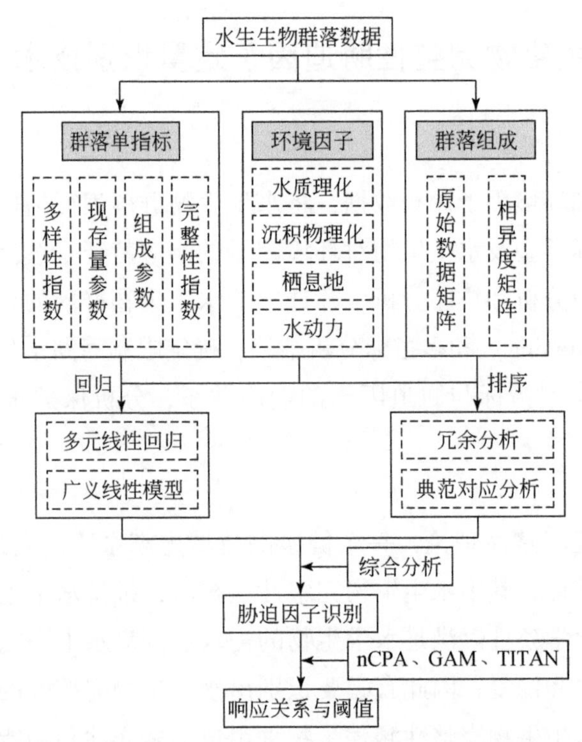

图 3-10　河湖水生生物完整性胁迫因子识别定量识别技术流程

B. 水生生物完整性表征指标计算

本技术将表征水生生物完整性的指标分类两类：第一类为群落单指标，特点为用单个指标描述群落特征，包括生物多样性指数（如物种数、Shannon-Wiener 指数、Margalef 指数）、群落组成参数（如不同类群的数量百分比）、现存量参数（总体或某一类群的密度或生物量）、生物完整性指数等；第二类为群落组成，分析时用原始密度或生物量矩阵，或者用 Bray-Curtis 相异度矩阵。Bray-Curtis 相异度是生态学中用来衡量不同样点物种组成差异的测度，可以计算样点不同物种组成的数量特征，其特征是不仅考虑样本中物种的有无，而且还考虑不同物种的相对丰度，能更为准确地反映水生生物群落的梯度变化。

对群落单指标后期分析和计算生物群落的 Bray-Curtis 相异度矩阵时，一般需对原始数据进行转换以便对稀有种给予不同程度的加权。转换的剧烈程度（对稀有种的加权程度）按不转换→平方根转换→对数转换 $\lg(X+1)$→ 0/1(presence/absence) 转换的顺序逐渐增加，密度和生物量常用的是对数和平方根转换，数据分布符合对数分布时一般需进行对数转换，如浮游植物藻类数据。平方根转换更适合观测计数数据，如底栖动物密度数据。

环境因子变量经常是样点的多属性数据，量纲往往不一样，所以需要选择合适的转化方法对环境变量进行转换，一般用均值为0、标准差为1的标准化方法来转换连续性环境因子数据，对于非连续性环境因子数据，可不进行转换。

C. 表征指标与环境因子关系分析

根据水生生物完整性的表征指标的类型，在分析群落表征指标与环境因子关系时亦采用不同的方法。对于单指标，可使用多元线性回归和广义线性模型。前者属于线性模型，一般要求响应变量服从正态（高斯）分布。但生物数据一般不满足正态分布，广义线性模型是多元线性回归的推广，是在线性模型的基础上加入一个单调且可二次微分的联系函数，广义线性模型得出的响应变量与环境变量关系的曲线属于指数型分布族，即广义线性模型容纳的模型不仅有高斯模型，还有泊松分布、双峰模型等其他模型。根据表征指标数据的分布类型，选择合适模型，以表征指标为因变量，测定的各类环境因子为自变量，确定影响群落指标变化的关键环境因子。

对于群落组成矩阵数据，采用排序分析。基本流程为（图3-11）：①数据准备，即物种组成或相异度矩阵，以及环境因子矩阵数据。②排序模型选择，对群落数据开展去趋势对应分析（detrended correspondence analysis，DCA），然后看结果中每个轴的梯度长度。如果四个轴中梯度最长（最大值）超过4，选择单峰模型排序典范对应分析（canonical correspondence analysis，CCA）更合适。如果小于3，选择线性模型的冗余分析（redundancy analysis，RDA）比较合理。如果介于3~4，单峰模型和线性模型都是合适的。③环境因子筛选，基于蒙特卡罗置换检验，采用前向选择法（forward selection）筛选影响生物群落变化的关键环境因子，显著性水平设置为0.05。④环境

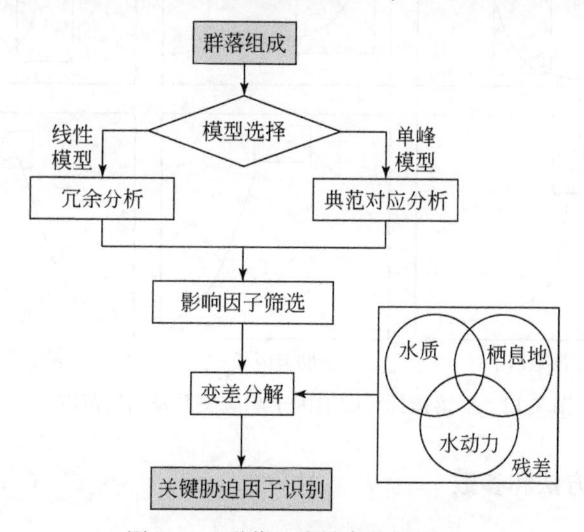

图3-11　群落组成排序分析流程

因子解释量分解。在环境因子筛选的基础上，可分析每个因子对群落变化的解释量，解释量越大的因子表明对生物群落影响越大。此外，可对筛选后的环境因子变量分组，如水质参数、栖息地参数、水动力参数等，通过变差分解解析不同分组环境因子的独立解释量和交互解释量，明确不同分组因子的相对重要性。

D. 胁迫因子识别

综合回归分析和排序分析的结果，分析两类方法确定的影响生物群落变化的关键环境因子，根据群落指标的类型和各因子的解释量，优先确定出影响敏感生物类群和解释量大的环境因子，即研究区河湖水生生物完整性面临的关键胁迫因子。

E. 响应关系构建与阈值分析

基于识别的关键胁迫因子，采用非参数突变点分析法（nonparametric change-point analysis，nCPA）或广义加性模型（generalized additive models，GAM）建立水生生物群落单指标与关键胁迫因子的响应关系，并根据突变点分布确定胁迫因子的阈值范围（图 3-12）。对于群落组成数据，采用临界点指示类群分析法（thresholds indicator taxa analysis，TITAN），TITAN 是将 nCPA 和指示物种分析法相结合的非参数分析方法，其基本原理是对群落中全部物种与环境梯度关系突变点进行比较，综合确定环境因子阈值。

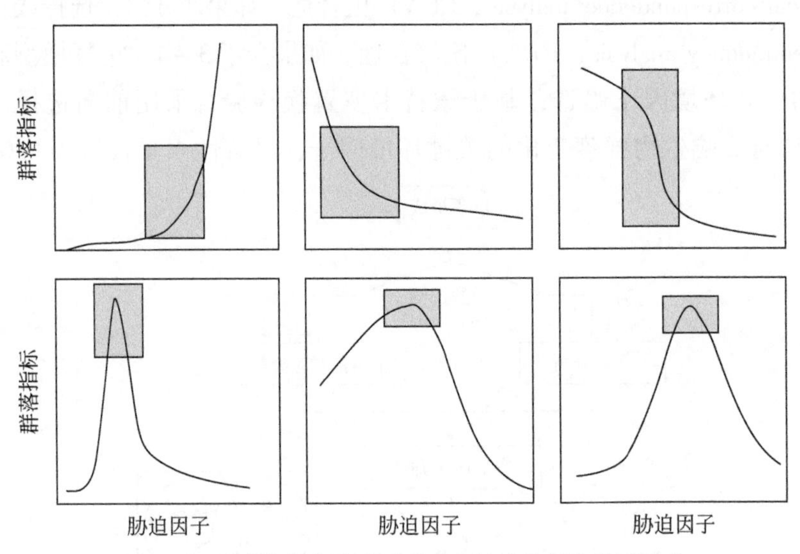

图 3-12　群落指标与胁迫因子响应关系及阈值范围示意

（4）核心技术方法和参数

A. 排序分析

排序方法最初是用于分析群落之间的连续分布关系，后来经过不断发展，不仅可以排列样方，也可以排列物种及环境因素，用于研究群落之间、群落与其环境之间的复杂关系。典范对应分析（canonical correspondence analysis，CCA）是由对应分析（correspondence analysis，CA）修改而产生的新方法。CCA的基本思路是在CA迭代过程中，每次得到的样方坐标值都要与环境因子进行多元线性回归。CCA要求两个数据矩阵，一个是物种数据矩阵，一个是环境数据矩阵。不同于简单的直接梯度分析，CCA可以结合多个环境因子一起分析，从而更好地反映群落与环境的关系，进而确定影响生物群落的关键胁迫因子。CCA是基于单峰模型的非线性排序，然而并不是所有的物种数据都适合用单峰模型，因此在分析之前需要判断CCA是否合适。

B. 广义加性模型

广义加性模型就是适用于响应变量与解释变量之间的关系是非线性或非单调的数据分析。广义加性模型是一种非参数化的广义多元线性回归方法，是对线性回归的一种改进，是线性模型的非参数化扩展。线性模型主要是由模型本身决定的，而线性可加模型则主要取决于原始数据，故广义加性模型能更深入地探讨因变量与自变量的关系。广义加性模型限制较少，数据可以是高斯分布、二项式分布、泊松分布及其他复杂的分布等，尤其适用于某些离散数据，因此广义加性模型可以较好地分析因变量与多自变量之间的非线性关系。

C. 阈值指示类群分析法

TITAN是将nCPA和指示物种分析法相结合的一种既能确定生态阈值又能识别指示物种的非参数分析方法，其基本原理是对群落中全部物种与环境梯度关系突变点进行比较，当有多个物种在一较小的范围内同时发生相似响应时，该浓度范围即群落的响应阈值，分析中使用的是群落组成数据，其计算过程如下。

1）沿预测变量 x 选取 n 个样本单元，将 x 的唯一值间的中点作为候选突变点进行识别，定义最小的 n 值来计算IndVal（指示物种指数）。

2）对于每一个分类单元，从分组样本的上面和每个候选突变点（x_j）的下面计算IndVal分数，然后比较IndVal下方和每个 x_j 上方，保留较大的分数，接下来通过所有 x_j 来识别最大的IndVal，观测到的突变点 x_{cp} 是 x 的对应值，最后将分类单元赋予正响应和负响应的含义。

3）对于每一个 x 的随机排序重复上一步骤，估计得到随机IndVals的频率，计算得到最大IndVal（ρ）以及随机IndVals值的均值和标准差。

4）用排序IndVals的均值和标准差将观察到的IndVals标准化成 z 分数，用反应组每个类群的 z 分数的总和来赋值每个候选突变点 x_j，将Sum（$z-$）和Sum（$z+$）极大值对应的 x 值作为群落水平的突变点。

此外，TITAN 得出初步的物种突变点后，也用自举抽样技术分析物种突变点的不确定性（uncertainty，即突变点分布与自举抽样所得数据集分布的相异程度，表征从抽样数据集中得到突变点的可能性）、纯度（purity，即自举抽样中突变点的响应方向与所观察到响应方向一致的比例）和可靠度（reliability，即在自举抽样的数据集中能得出突变点的概率），最后以不确定性（$P<0.05$）、纯度（purity≥0.95）和可靠度（reliability≥0.90）为依据确定环境因子的指示物种。

（5）技术创新点及主要技术经济指标

以往河湖生物完整性评价侧重于状态的评价，对胁迫因子的分析不够深入，大多简单分析生物完整性指数与环境因子的关系，且对响应阈值的关注较少。本技术在河湖水生生物完整性评价技术的基础上，从生物完整性理论基础出发，针对表征生物完整性的单指标和群落组成数据，提出了涵盖线性和非线性响应的胁迫因子识别方法，以及确定环境阈值的方法，本技术方法普遍适用于不同类型河湖生态系统，可用于识别区域水生生物完整性胁迫因子，进而为水生态保护目标和修复措施制定提供支撑。

（6）实际应用案例

以辽河流域为研究区域，重点开展了保护对象威胁因子识别和保护目标制定等关键技术的研究，并在个别水生态功能分区实现了技术的示范应用。

1）保护对象筛选：在考虑了物种濒危性的基础上，成功地将“代理种”概念引入技术方法体系中。在辽河干流保护区研究示范区保护目标类型确定中得到应用，筛选出了辽河流域大型底栖动物指示种（表3-22）和辽河流域鱼类保护物种（表3-23）。

表3-22 辽河流域大型底栖动物指示种

所属分类阶元	指示种名称	耐污值	所属分类阶元	指示种名称	耐污值
广翅目/齿蛉科	黄石蛉	2.1	蜉蝣目/扁蜉科	高翔蜉	2.5
蜻蜓目/春蜓科	新月戴春蜓	2.2	鞘翅目/龙虱科	粒龙虱属	2.0
襀翅目/襀科	石蝇属	2.1	半翅目/负子蝽科	印田鳖蝽	1.0
毛翅目/角石蛾科	条纹角石蛾	1.7	双翅目/蠓科	蠓属	0.8

表3-23 辽河流域鱼类保护物种

序号	类型	保护物种
1	濒危种	东北七鳃鳗、雷氏七鳃鳗、细鳞鲑
2	特有种	辽宁棒花鱼、达里湖高原鳅、细鳞鲑、杂色杜父鱼、沙塘鳢
3	旗舰种	松江鲈、刀鲚

2）保护程度确定：保护程度确定将历史数据同预测结果相结合，在太子河上游功能区的群落保护目标制定结果见表3-24。

表3-24　太子河上游功能区的群落保护目标

		指标	保护程度（维持在“好”以上）
需要保护的群落指标及保护程度	鱼类	Shannon-Wiener 多样性指数（H'）	$0.9 \leqslant H' < 1.49$
		鱼类生物完整性指数（F-IBI）	63.94≤F-IBI<65.33
	大型底栖动物	总物种数（Richness）	34≤Richness<42
		大型底栖动物生物完整性指数（B-IBI）	6.3≤B-IBI<7.02
	着生藻类	藻类生物完整性指数（A-IBI）	7.1≤A-IBI<9.8
		硅藻生物指数（IBD）	12.6≤IBD<16.8

3）威胁因子识别：依据野外观测数据，利用多种统计学方法识别辽河流域不同水生态功能分区影响水生生物分布的关键威胁因子（图3-13）。

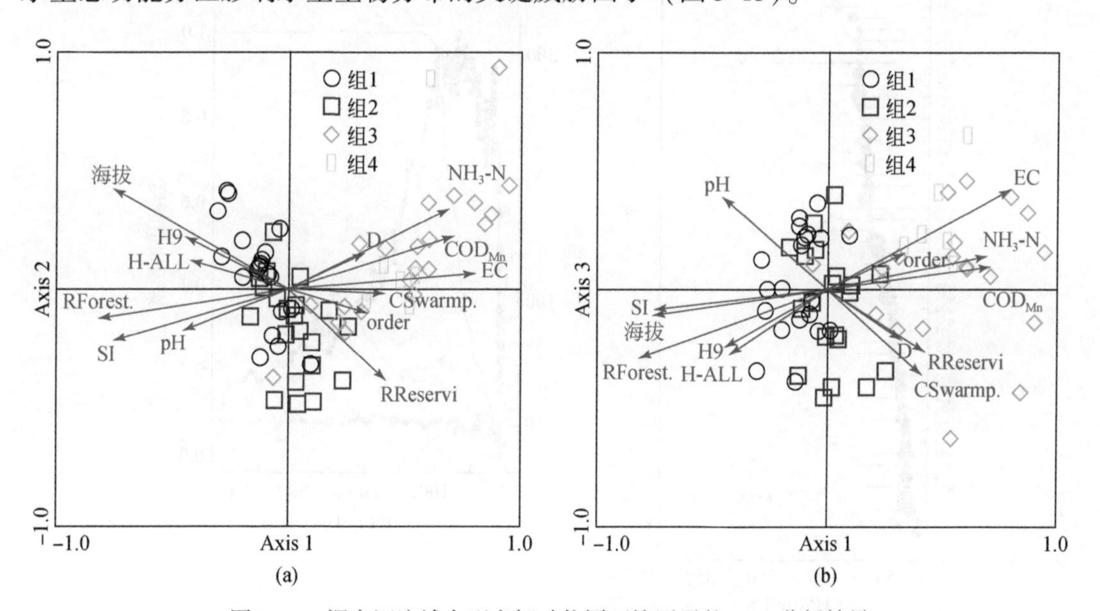

图3-13　浑太河流域大型底栖动物同环境因子的CCA分析结果

4）保护目标制定：依据野外观测数据，在浑太河流域分析面向鱼类、底栖动物等生物保护的主要水化学指标和土地利用的保护阈值。针对鱼类群落的农业用地和城镇用地保护阈值分别为15.90%～23.19%和2.68%～2.78%（图3-14）。水质分析结果显示，当NH_3-N的浓度控制在0.5mg/L以下时，根据TITAN的结果可以保护85%的敏感物种，当TP的浓度控制在0.1mg/L以下时，可以保护82%的敏感物种（图3-15）。

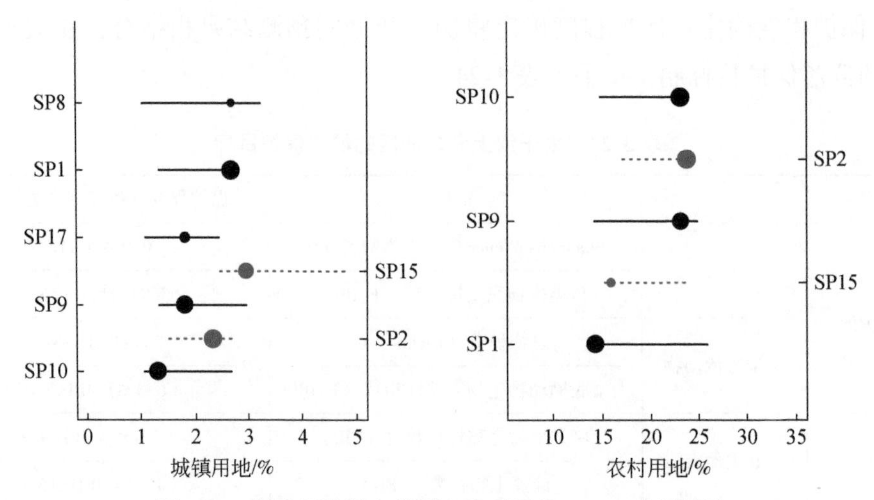

图 3-14　浑太河流域鱼类同土地利用的 TITAN 分析结果

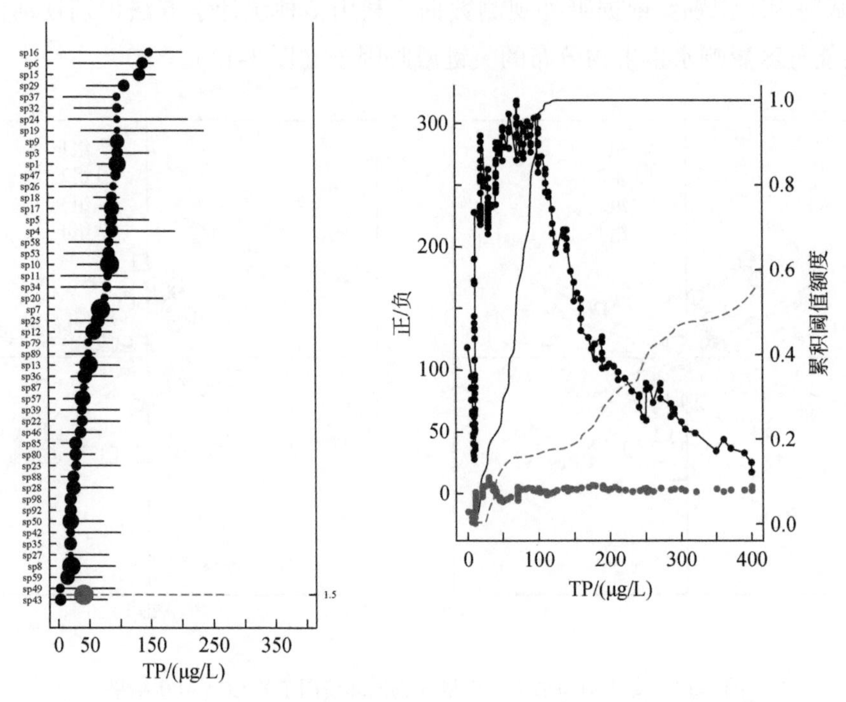

图 3-15　浑太河流域底栖动物物种和群落同 TP 的 TITAN 分析结果

3.2.6　水生态保护目标可达性评估技术

(1) 技术简介

从“水质-水量-栖息地-水生生物”四类指标出发，以功能定位、水质目标、

“三条红线”等为约束条件，根据参照状态设定指标阈值，应用构建的水生态保护目标可达性智能优化模型，模拟不同情景下水生态状态，对可达性不断进行评估与优化，从而确定最优方案。与传统的人工调试优化方法相比，智能优化算法优势在于能够高效搜索海量组合方案中的全局最优组合，在水生态研究的多指标同步优化中具有显著优势。

(2) 技术原理

以功能定位与水质目标等为约束条件，确定“水质-水量-栖息地-水生生物”四类指标的阈值和变幅区间；采用遗传算法等智能优化方法（Guo et al.，2018；Huang et al.，2018），通过初始化群体—个体评价—选择—交叉—变异等过程，迭代生成水质、水量、栖息地、水生生物相关指标的优化组合方案；评价生成的优化组合方案是否能够达到水生态保护目标，最终优选可达到目标的四类指标的最优组合；在所有组合方案均无法达到水生态保护目标的条件下，需要分析预设目标的合理性，以及修复措施是否可能加强，并在此基础上重新开展优化。

(3) 技术工艺流程

根据水生态状态评估指标体系，从“水质-水量-栖息地-水生生物”四类指标评估目标可达性，优化水生态保护目标方案。在预设水生态保护目标的基础上，评估水生态状态评价指标提升潜力，并对不同提升潜力的指标设定提升阈值，采用蒙特卡罗优化分析方法，进行情景设计评价与全局优化求解，分析最优情景，确定提升方案和优化保护目标，从而提出提升方案优化并进行可达性分析。如果保护目标可达，则优化后的保护目标即水生保护目标，如若不可达，返回水生态保护预设目标，重新预设目标（图3-16），关键技术环节介绍如下。

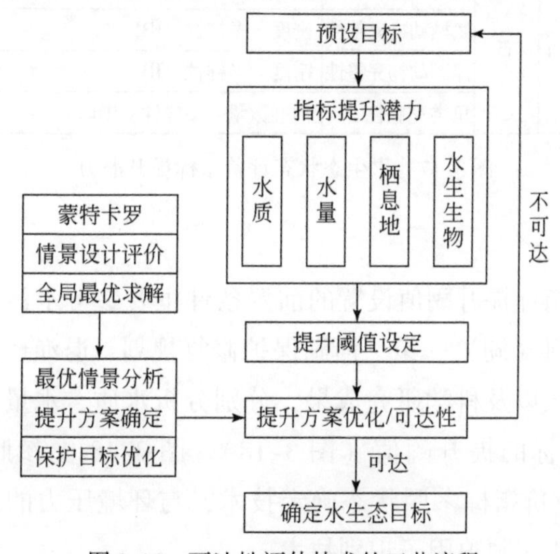

图3-16　可达性评估技术的工艺流程

A. 水生态保护目标预设

根据主导生态功能定位、水功能区划、“三条红线”和现行水质考核目标等对水环境与水生态的要求，明确约束条件，按照衔接管理、合理科学、分期提升、先易后难等原则，从水质、水量、栖息地和水生生物四个方面，预设水生态保护目标。

B. 指标提升潜力分析

依据水生态状态评价及水生态问题诊断结果，面向影响水生态系统完整性的水环境问题，分析水生态状态评价指标提升潜力，优先考虑人为可控指标，总体按水质-水量-栖息地-水生生物的先后顺序，优先选择能够较好表征水生态状态、适用范围广的指标，优先当前环境管理中纳入考核的指标，兼顾生态指标。以水质达标、“三条红线”、河长制、水域岸线管控、水量调度、水生态修复等为管理手段，分别分析水质、水量、栖息地和水生生物等水生态状态评价指标的提升潜力。根据水生态功能区的属性和特征，从可行性、指示性和适用性三个方面定性分析水生态状态评价指标的提升潜力（图 3-17）。

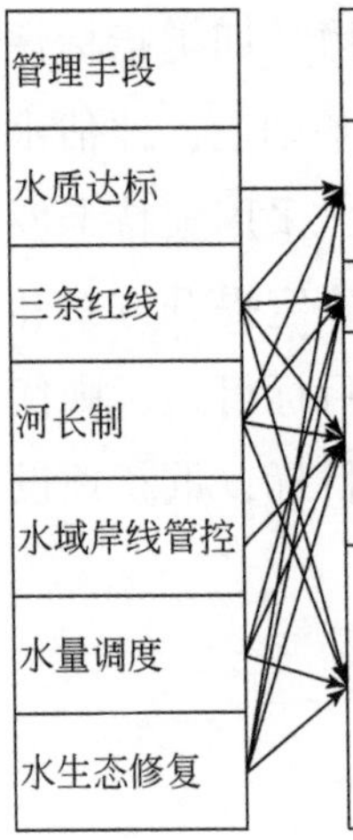

管理手段
水质达标
三条红线
河长制
水域岸线管控
水量调度
水生态修复

要素层	提升潜力	指标层	参数	可行性	指示性	适用性
水质	高	水质类别	TP、TN、NH_3-N、COD等	高	高	高
		营养状态	叶绿素a、水华	高	高	高
水量	高	生态需水	生态水位、生态流量	高	高	高
栖息地	中	河湖岸带	生态岸线、岸线利用、岸带植被	中	低	高
		河道	纵向连通性、沉积物	中	中	高
		湖泊水域	连通性、水面利用、水生植被、沉积物	低	中	中
水生生物	低	藻类完整性	生物量、多样性、IBI	中	高	中
		底栖动物完整性	密度、多样性、IBI	低	高	中
		浮游动物完整性	密度、多样性、IBI	低	低	低
		鱼类完整性	种群数量、多样性、IBI	低	高	低

图 3-17　水生态状态评价指标提升潜力

C. 提升阈值确定

水生态状态评价指标提升阈值设置的前置条件主要参考水污染防治工作方案、水质考核断面要求、一河（湖）一策、河湖保护修复规划、退渔还湖规划、河湖岸线规划、河湖水量调度方案以及科学研究成果，分别分析水质、水量、栖息地和水生生物等水生态状态评价指标的提升阈值（图 3-18）。图 3-18 中参照状态确定方法详见 3. 2. 1. 3 节水生生物评价指标参照状态确定技术，与环境压力的定量响应关系确定方法详见 3. 2. 3. 1 节水生态胁迫因子识别技术。

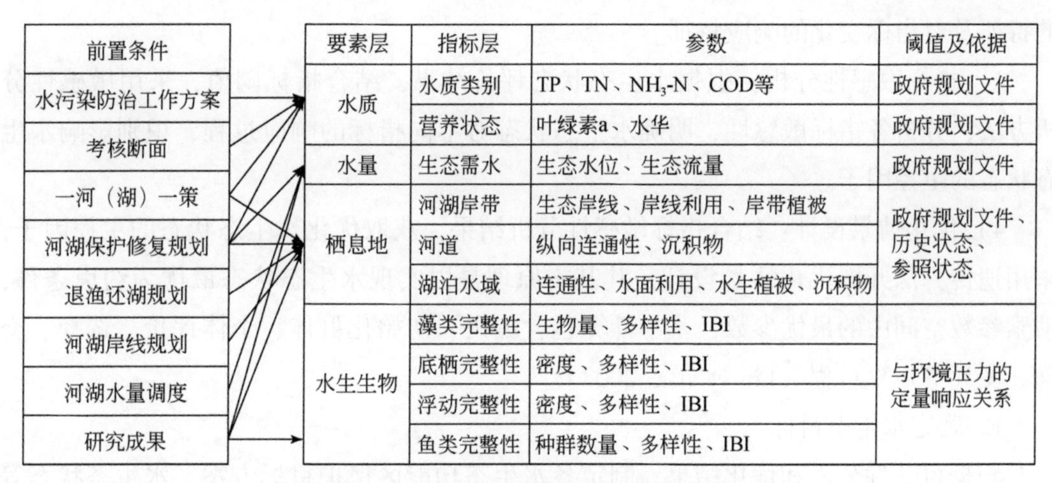

图 3-18　水生态状态评价指标提升阈值

D. 可达性评估与优化

基于指标提升潜力与阈值的分析结果，可进一步开展可达性评估与优化，其核心内容是构建水生态保护目标可达性优化模型，评估与优化过程如图 3-19 所示。

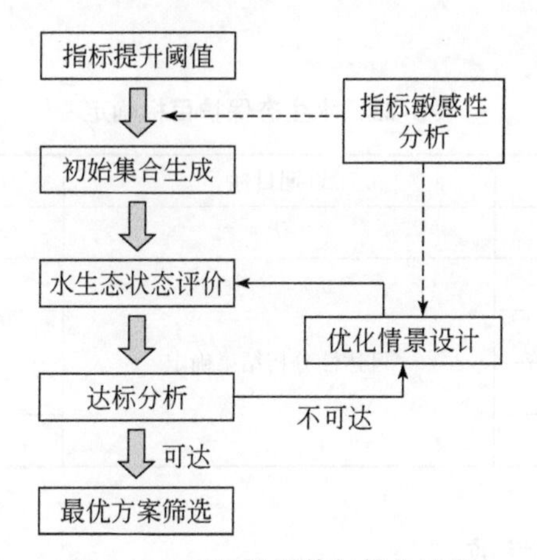

图 3-19　可达性评估与优化过程

评估与优化过程主要包括以下关键环节。

1）初始集合生成：基于指标阈值，建立各指标的检验分布，采用蒙特卡罗优化方法生成不同参数组合的初始集合，采用迭代方法测试不同样本数量的可达性优化效果，拟测试样本数量包括 50 个、100 个、500 个、1000 个；选择适用于优化案例的样品数据，生成初始样本集合，并在优化过程中不断测试更新。

2）水生态状态评价：基于已构建的水生态状态评价指标体系，对初始集合中的样本逐一评价，获取初始集合样本的水生态状态评价结果，分析水生态状态评价结果的特征及对指标变化的响应特征。

3）指标敏感性分析：根据水生态状态评价结果，结合指标阈值，采用敏感性分析方法，分析各指标敏感性，明确水生态状态对不同指标的响应过程，识别影响水生态状态的主控因子。

4）优化情景设计：结合指标敏感性分析结果，获取优化水生态状态的主控因子，采用遗传算法开展优化情景设计，其基本原理是以实现水生态状态最优为约束条件，搜索参数空间中的最优参数，基本计算包含编码、初始化群体、个体评价、选择、交叉、变异等运算过程（Liu et al.，2007）。

E. 确定水生态目标

根据可达性分析和优化结果，制定各水生态功能区保护目标方案。水生态状态等级的目标分为近期目标（5～10 年）和远期目标（10～15 年），近期目标中水生态状态等级为“优”的河湖需保持不退化，等级为“良”的根据可达性分析结果，提高一个等级或维持现状，等级为“中”“差”“劣”的根据可达性分析结果确定目标。远期目标中，等级为“优”和“良”的应保持不退化，等级为“中”“差”“劣”的应提高至“良”（表 3-25）。

表 3-25　水生态保护目标确定

现状等级	近期目标	远期目标
优	优	优
良	可达性分析结果确定	良或优
中		不低于“良”
差		不低于“良”
劣		不低于“良”

（4）核心技术方法和参数

基于遗传算法的水生态保护目标可达性智能优化方法：水生态状态优化以保持水生态状态最优为约束条件，搜索可能提升水生态状态的最优组合，基本计算包含编码、初始化群体、个体评价、选择、交叉、变异的运算过程。首先，根据待优化指标的特征，确定其取值空间，并配置影响算法寻优性能的关键参数，主要包括初始群体的个体数、交换率、变异率、最大遗传的代数；其次，随机产生 100 个组合作为初始群体，通过设计的目标函数，计算每个组合的适应度，在迭代过程中选择适应度较高的个体遗传到下一代，适应度越高，遗传到下一代的概率越高；最后，通过指标数值的重新组合，生成新的个体，并随机变异生成新的个体，得到新的个体组合，避免陷入局部优化。上述过程的不断迭代，可实现水生态状态的不断优化。

(5) 技术创新点及主要技术经济指标

该技术建立了涵盖人类活动-环境状态要素-水生态状态变量之间的响应关系，基于蒙特卡罗等算法，构建了水生态保护目标可达性智能优化模型，通过初始化群体—个体评价—选择—交叉—变异等过程，模拟不同情景下的水生态健康状态。该技术实现了水质、水量、栖息地、水生生物等多目标的迭代优化组合，优化提出涵盖四类指标的水生态保护目标，优化目标在满足功能需求的前提下，综合考虑了技术经济和管理的可行性要求。研发的模型适用于全国河湖，已应用于江苏省水生态保护目标制定。

(6) 实际应用案例

滆湖（31°29′~31°42′N，119°44′~119°53′E）位于太湖西侧、常州西南，是苏南地区第二大淡水湖泊，具有饮用水水源、蓄洪灌溉、水上通航、现代游览、鱼鸟生息繁衍和渔业生产等多重功能，在当地的国民经济建设中占举足轻重的地位。20 世纪 90 年代水生植物十分丰富，而后逐步演变成藻型湖泊，水生态系统退化严重。

研发技术已应用于常州滆湖水生态保护目标的可达性评估。采用敏感性分析方法，量化分析了滆湖水质指标对溶解氧、高锰酸盐指数、总磷、生化需氧量、氨氮、总氮等的敏感性，分析结果表明，滆湖水质指数对总氮最为敏感，而对溶解氧、高锰酸盐指数、总磷、五日生化需氧量、氨氮不敏感；同时，分析了滆湖栖息地指数对生态岸线指数、湖岸带植被覆盖度、水面利用指数、水生植物覆盖度、沉积物总氮、沉积物总磷等指标敏感程度，分析结果表明，滆湖栖息地指数对湖岸带植被覆盖度、水面利用指数、水生植物覆盖度、沉积物总氮较为敏感，而对生态岸线指数、沉积物总磷不敏感。

基于上述敏感性分析结果，可实现水生态状态“中”的目标，但在目前条件下，尚无法实现“良”的预设目标。其中水质、栖息地与生物完整性的相关指标优化前后发生了明显变化，重点优化指标包括总氮、总磷、湖岸带植被覆盖度、水面利用指数、水生植物覆盖度、沉积物总氮、沉积物总磷等指标，滆湖水质、栖息地与生物完整性的相关指标优化前后见表 3-26 ~ 表 3-28。

3.2.7 水生生物保护物种确定技术

(1) 技术简介

我国水生生物多样性极为丰富，具有特有程度高、孑遗物种多等特点，在世界生物多样性中占据重要地位。我国江河湖泊众多，栖息地类型复杂多样，为水生生物提供了良好的生存条件和繁衍空间。近年来，由于栖息地丧失和破碎化、资源过度利用、水环境污染、外来物种入侵等，部分流域水生态环境不断恶化，珍稀水生野生动植物濒危程度加剧，水生物种资源严重衰退，水生生物多样性持续下降，成为影响中国生态安全的突出问题。

表 3-26　滆湖水质指标优化前后对比　（单位：mg/L）

优化	点位	溶解氧	五日生化需氧量	高锰酸盐指数	氨氮	总磷	总氮
优化前	滆湖 1	8.3	4.8	6.0	0.29	0.172	2.03
	滆湖 2	8.3	4.7	5.7	0.25	0.182	2.15
	滆湖 3	8.3	4.8	5.9	0.21	0.169	2.00
	滆湖 4	6.9	4.2	5.3	0.41	0.098	2.85
	滆湖 5	7.0	4.0	4.6	0.43	0.093	2.66
	滆湖 6	7.1	4.1	5.2	0.48	0.088	2.78
	滆湖 7	7.1	4.0	4.9	0.45	0.094	2.93
	滆湖 8	7.0	4.3	5.6	0.43	0.090	3.13
	滆湖 9	7.0	4.3	5.4	0.40	0.092	3.02
	滆湖北	8.7	4.0	4.9	0.30	0.094	2.92
	滆湖中	8.1	4.0	5.1	0.44	0.128	3.38
优化后	滆湖 1	8.3	4.8	6.0	0.29	0.100	1.50
	滆湖 2	8.3	4.7	5.7	0.25	0.100	1.50
	滆湖 3	8.3	4.8	5.9	0.21	0.100	1.50
	滆湖 4	6.9	4.2	5.3	0.41	0.098	1.50
	滆湖 5	7.0	4.0	4.6	0.43	0.093	1.50
	滆湖 6	7.1	4.1	5.2	0.48	0.088	1.50
	滆湖 7	7.1	4.0	4.9	0.45	0.094	1.50
	滆湖 8	7.0	4.3	5.6	0.43	0.090	1.50
	滆湖 9	7.0	4.3	5.4	0.40	0.092	1.50
	滆湖北	8.7	4.0	4.9	0.30	0.094	1.50
	滆湖中	8.1	4.0	5.1	0.44	0.100	1.50

表 3-27　滆湖栖息地指标优化前后对比

优化	点位	生态岸线指数/%	湖岸带植被覆盖度/%	水面利用指数/%	水生植物覆盖度/%	沉积物总氮/(mg/kg)	沉积物总磷/(mg/kg)
优化前	滆湖 1	65.88	33.35	72.9	6.00	2135.6	466.1
	滆湖 2	65.88	33.35	72.9	6.00	2851.6	1007.9
	滆湖 3	65.88	33.35	72.9	6.00	2257.8	603.3
	滆湖 4	65.88	33.35	72.9	6.00	1411.6	301.6
	滆湖 5	65.88	33.35	72.9	6.00	1505.6	315.7
优化后	滆湖 1	65.88	60	80	40.00	1000.0	466.1
	滆湖 2	65.88	60	80	40.00	1000.0	900.0
	滆湖 3	65.88	60	80	40.00	1000.0	603.3
	滆湖 4	65.88	60	80	40.00	1000.0	301.6
	滆湖 5	65.88	60	80	40.00	1000.0	315.7

表 3-28　滆湖生物完整性指标优化前后对比

优化	点位	藻类完整性	底栖完整性
优化前	滆湖 1	0.55	0.32
	滆湖 2	0.50	0.34
	滆湖 3	0.45	0.37
	滆湖 4	0.54	0.36
	滆湖 5	0.22	0.38
优化后	滆湖 1	0.55	0.43
	滆湖 2	0.50	0.43
	滆湖 3	0.50	0.43
	滆湖 4	0.54	0.43
	滆湖 5	0.50	0.43

流域水生生物多样性保护的核心是关键物种的保护。目前，我国水生生物多样性保护以保护濒危、珍稀和特有物种（特别是鱼类）及其栖息地为主，该类水生生物主要属于政府或相关保护组织公布的保护名录中需要特殊保护的物种，具有极高的保护价值。然而，对具有重要功能或管理价值的物种保护力度不够，如旗舰种、伞护种、指示种等，应更加系统全面地筛选并识别流域水生生物保护关键物种。本技术以保护水生生物关键物种为目标，主要面向河湖生态系统藻类、大型底栖动物、鱼类、两栖类、大型水生植物等不同水生生物数据集，筛选需要特殊保护以及具有重要功能或管理价值的物种，确定流域内对保护物种名录，制定保护方案并采取保护行动，同时编

制一套监测和评估方案，为关键水生物种保护与恢复措施的制定提供依据。

（2）技术原理

物种是生态系统结构最基本组成部分，通过保护具有特殊价值、重要功能、指示性的物种，从而维持水生态系统结构和功能的完整性。特殊价值、重要功能、伞护种、指示种等关键物种的种群特征能有效表征水生态系统的健康状况。

（3）技术工艺流程

流域水生生物保护物种确定技术的流程见图 3-20，包括 4 个关键步骤。

步骤 1：获取水生生物物种数据，目的是结合不同地区的流域管理单元（如水生态功能区）或规划的保护区，明确流域内水生生物物种资源现状，收集河湖生态系统藻类、大型底栖动物、鱼类、两栖类、大型水生植物等水生生物数据，建立流域水生生物数据集，为步骤 2 提供用于筛选保护物种的水生生物数据集。

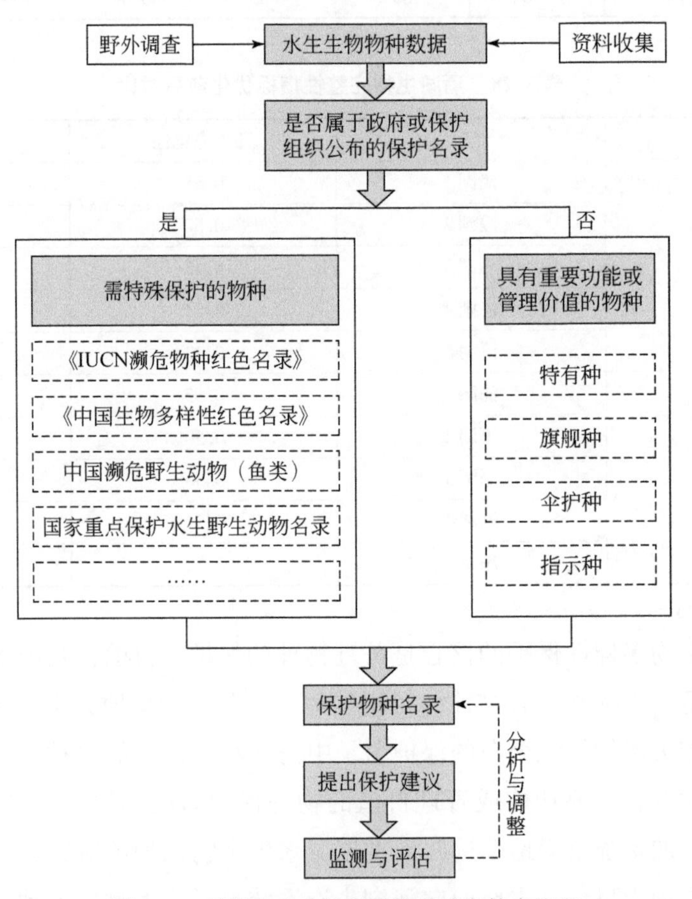

图 3-20　流域水生生物保护物种确定技术流程

步骤 2：筛选保护物种，目的是识别流域范围内需要加以保护的水生生物物种，根据是否属于政府或保护组织公布的保护名录，将保护物种分为需特殊保护的物种和具有重要功能或管理价值的物种两类，进而确定出该流域的水生生物保护物种名录。

步骤3：提出保护建议，目的是通过了解保护物种的现状及其正常的健康状态，制定出保护物种合理的水域性保护要求，包括其栖息地的保护要求。

步骤4：监测与评估，目的是通过开展监测来评估预期保护物种的实现效果以及哪些方面需要进行调整，以期指导保护管理工作的顺利进行。

（4）核心技术方法和参数

需特殊保护的物种一般受人类干扰而表现出种群资源量低、种群规模小，如果不及时开展有效保护就面临灭绝。这类物种包括两种情况：一种是存在于政府部门、相关保护组织等所公布的受威胁（含极危、濒危、易危、一级和二级保护物种）或需要保护的物种，这类物种是经过大量研究分析并得到广泛关注的；另一种是处境危险但并不在相关保护名录中的物种，需要对其种群进行评估来确定其受威胁等级。

基于建立的水生生物数据集，对照已公布的水生生物物种保护名录和涉及水生动植物保护的法律法规，将物种名录中的受威胁物种作为保护物种，并按受威胁等级由强到弱排列（“极危”>“濒危”>“易危”，“一级”>“二级”）。保护物种如果是参考近5年保护名录筛选出来的，则可以直接使用。如果是参考公布5年以上的保护名录筛选出来的，应仔细考虑“易危”等级物种的使用，有可能会由“易危”等级降至“无危”等级，建议在有数据支持条件的情况下重新确定物种的受威胁等级。

本技术适用于已收集到长期调查监测数据的（近10年）并且种群数发生下降的物种。所需的调查监测数据包括物种的分布区、占有面积、栖息地质量、亚种群数目和成熟个体数。水生生物物种受威胁等级分为“极危”“濒危”“易危”三个等级，具体等级划分标准参见《IUCN濒危物种红色名录》濒危等级和标准（3.1版）。根据评价结果确定保护物种，并按受威胁等级由大到小排列。

某些具有重要功能和管理价值的物种是需要考虑的保护物种，具有重要功能的物种包括特有种，而具有管理价值的物种包括旗舰种、伞护种和指示种。

特有种往往存在扩散能力弱、易受人为干扰而发生种群衰退的特征，因此可以依据历史数据的种群变动规律，以及专家经验和实际调研分析，定性地确定代表物种中哪一种为保护范围内的特有种。

旗舰种的筛选一般基于其对公众的吸引力，而非纯粹的生态学意义上的重要性。因此定性地依据地方和国家环境保护单位的专家经验与历史数据，以及参照公众的认知程度来共同判断旗舰种的产生。此外，在生物学属性方面，旗舰种要满足个体体型较大、寿命较长等生态学属性。尽管某些旗舰种也可能是伞护种，但缺乏公众吸引力的伞护种一般很难被成功地用作旗舰种。在管理属性方面，旗舰种的筛选应根据不同的管理目的而考虑相应的管理属性特征。

伞护种筛选的前提需要有丰富的数据信息。伞护种的筛选一般有两种方法：第一种是基于数据将伞护种的生态属性量化，定量分析并结合数据检验判断哪些物种适合作为伞护种；第二种是由专家经验判断适合的伞护种，再根据数据验证其相关的生态属性。结合国际生物保护领域的应用，建议使用第一种方法进行伞护种的筛选。其中，伞护种的生态属性量化通过计算伞护值实现。

伞护值的计算需要考虑三个生态属性，即与其他物种的共存程度（PCS）、中等分布程度（MR）和对人类干扰的敏感程度（SC）。其中，PCS 要求关注所选择保护范围内的物种丰富度而不是物种在多少个点位出现。PCS 可量化为 0～1，0 表示与较少的物种共存，1 表示与较多的物种共存。PCS 的计算只需要出现/不出现的数据即可，计算方法如下：

$$\mathrm{PCS} = \sum_{i=1}^{l} [(S_i - 1)/(S_{\max} - 1)] / N_j \tag{3-8}$$

式中，l 为样点数量；S_i为样点 i 出现的物种数；$S_{\max}$为所有样点出现的总物种数；N_j为物种 j 出现的样点数。

MR 要求一个理想的伞护种既不能普遍存在又不能极其稀少，而应在两者之间。MR 的计算方法如下：

$$\mathrm{MR} = 1 - |0.5 - Q_j| \tag{3-9}$$

$$Q_j = 1 - N_{\mathrm{present}j} \tag{3-10}$$

式中，对每个物种 j 来说，$N_{\mathrm{present}j}$为出现物种的样点数量。

敏感程度要求一个理想的伞护种应当对不同的人类干扰类型做出适当的响应。这一属性应根据生物类群的不同而选择定量计算方法或定性评分方法。定量计算方法适合于已有定量表征对环境耐受程度的生物类群，如大型底栖动物耐污值。定性方法适用于缺乏定量表征生物对环境的耐受程度，可以根据专家经验或文献研究定性判断生物对环境的耐受特征，建立评分等级并进行评分。例如，鱼类的耐受特征的定性判断，一般可划分为极度耐受、中等耐受、一般、敏感、极度敏感 5 个等级。

将 3 个生态属性数值化并统一量纲，相加后即伞护值。将所有物种的伞护值按大小顺序排列，定义那些伞护值大于平均伞护值加 1 倍标准差的物种为候选伞护种。分析候选伞护种存在样点与不存在样点之间生物群落结构的差异性，检验是否适合作为伞护种。最后通过对比伞护种要求的生态属性特征，确定最终的伞护种。

指示种：以反映栖息地类型为目标的指示种筛选应先对流域水生态功能区进行栖息地类型划分，或利用环境数据信息通过聚类分析进行栖息地类型确定，之后借助计算物种指示值（IndVal）来判定指示种。当某一物种在代表的栖息地类型中均有分布时，其指示值达到最大，即可作为这一栖息地类型的指示种。IndVal 的计算如下：

$$A_{ij} = \mathrm{Nindividuals}_{ij} / \mathrm{Nindividuals}_{i} \tag{3-11}$$

式中，$\mathrm{Nindividuals}_{ij}$ 为物种 i 在单一栖息地类型组 j 中所有样点的平均个体数；$\mathrm{Nindividuals}_{i}$ 为物种 i 在所有栖息地类型组的平均个体数的总和。

$$B_{ij} = \mathrm{Nsites}_{ij} / \mathrm{Nsites}_{j} \tag{3-12}$$

式中，Nsites_{ij} 为物种 i 在栖息地类型组 j 中出现的样点数量；Nsites_{j} 为在栖息地类型组 j 中样点数量的总和。

$$\mathrm{IndVal}_{ij} = A_{ij} \times B_{ij} \times 100 \tag{3-13}$$

以反映环境压力梯度为目标的指示种筛选包括两种方法：第一种方法先要确定保护范围的压力类型，包括单一压力和综合压力，可借助主成分分析确定区域内的单一压力类型，或利用主成分分析中第一轴得分代表该区域的综合压力强度。然后建立不同物种与环境压力的关系，通过计算物种的环境压力适宜度（加权平均法）或计算物种生存的环境阈值（指示物种阈值分析法），选择对环境压力有负响应或环境压力适宜范围低物种作为指示种。第二种方法不需要明确压力类型，而直接利用水生生物对环境的耐受程度（如大型底栖动物耐污值）来反映环境压力，这类压力没有明显的指向性。然后根据水生生物对环境的耐受程度进行人为划分，选择耐受程度较低的物种作为指示种。

（5）技术创新点及主要技术经济指标

以往对保护物种的关注多集中于政府部门、相关保护组织等所公布的受威胁、濒危、处于危险的物种，本技术研发了确定具有管理价值、重要功能、指示意义物种的方法。

（6）实际应用案例

以辽河流域为研究区，根据本技术，筛选了鱼类和底栖动物的保护物种，包括濒危物种、特有种、旗舰种等，分析了重要物种的分布特征、威胁因子、保护需求等，并以浑太河流域为例，确定了鱼类和底栖动物指示种。

浑太河流域依据环境特征数据可以将全部点位分为 3 个组别。第一组点位的环境以较高的海拔、坡度、流速、年平均降水量、林地覆盖面积、水体含氧量为主要特征；底质中以各粒径组成不同的卵石为主；水质指标中主要污染物指标较低。第二组点位的环境以海拔、坡度、流速、林地覆盖面积为主要特征，但同第一组比较均有所降低；这些点位的河流级别较第一组增加，表明点位开始向中游过渡；土地利用类型林地降低而农业用地和城镇用地覆盖率增高；水质指标中主要污染物指标均较低，但较第一组要开始增高。第三组点位的环境以较低的海拔和坡度为主要自然特征；这些点位的河流级别均较高，表明基本分布在平原的干支流区域；土地利用类型以农业用地和城镇用地覆盖为主，林地极少；底质粒径也过渡为泥沙为主；水质指标中主要污染物EC、TDS和NH_3浓度较高，表明人类干扰加剧。依据环境特征分组情况，对每个分组的物种进行指示种分析。选取每个分组前5个指示值最大的物种作为指示种（表3-29）。辽河流域鱼类和底栖动物指示种筛选结果见表3-30～表3-32。对备选指示物种进行生态属性的筛选，由于存在分布狭窄、食性不确定等，最后仅有洛氏鱥、北方条鳅、北方花鳅、沙塘鳢和辽河棒花鱼通过筛选。

表3-29　辽河流域鱼类和大型底栖动物极危/濒危/易危物种筛选结果

流域	水生生物	极危/濒危/易危物种
浑太河	鱼类	雷氏七鳃鳗、东北七鳃鳗、细鳞鲑、杂色杜父鱼
	大型底栖动物	东北蝲蛄、乌苏里圆田螺
辽河干流和东辽河流域	鱼类	刀鲚、乌鳢、鳗鲡、怀头鲇、翘嘴红鲌

表3-30　辽河浑太河流域鱼类和大型底栖动物特有种/本地种筛选结果

	特有种/本地种
鱼类	雷氏七鳃鳗、东北七鳃鳗、辽河棒花鱼、杂色杜父鱼、香鱼
大型底栖动物	东北蝲蛄、琵琶拟沼螺、大脐圆扁螺、铁线虫、辽宁原蚋、格式星齿蛉、负子蝽、刺腹牙甲、三刺弯握蜉、宽叶高翔蜉、大山石蝇

表3-31　辽河干流和东辽河流域鱼类和大型底栖动物特有种/本地种筛选结果

	特有种/本地种
鱼类	红鳍原鲌、细体鮈、黄带克丽虾虎鱼、乌鳢、拉氏狼牙虾虎鱼、中国花鲈、鮻、达氏鲌、大银鱼、斑鰶
大型底栖动物	河蚬、圆顶珠蚌、短毛龙虱、显春蜓

表 3-32　浑太河流域不同环境特征分组的鱼类指示物种筛选结果

分组	指示物种	指示值（IV）	*P* 值	食性	筛选结果
第一组	洛氏鱥	58.0	0.0002	昆虫食性	通过
	北方条鳅	40.3	0.0002	昆虫食性	通过
	北方花鳅	34.2	0.0004	昆虫食性	通过
	沙塘鳢	24.7	0.0004	肉食性	通过
	中华多刺鱼	10.1	0.034	杂食性	剔除
第二组	宽鳍鱲	40.8	0.0002	杂食性	剔除
	麦穗鱼	38.6	0.0002	杂食性	剔除
	棒花鱼	31.6	0.0016	昆虫食性	通过
	褐栉虾虎鱼	21.6	0.002	肉食性	剔除
	辽宁棒花鱼	18.2	0.0204	杂食性	剔除
第三组	鲫鱼	50.3	0.0002	杂食性	剔除
	鰲	24.9	0.0002	杂食性	剔除
	黄黝鱼	16.9	0.0044	杂食性	剔除
	兴凯鱊	14.0	0.002	杂食性	剔除
	彩鳑鲏	13.6	0.032	杂食性	剔除

3.3 应用案例

3.3.1　水生态健康评价技术应用案例

（1）案例介绍

水专项在松花江、海河、淮河、辽河、东江、黑河、太湖、滇池、洱海、巢湖 10 个重点流域开展了连续 8 年的水生态调查，积累了 2024 个样点 10 万多条水生态调查数据。将水生态健康评价方法直接应用于 10 个重点流域，指导完成了 10 个流域水生态健康评价和报告卡的制作，系统展示了全国水生态健康的整体状况。重点流域水生态健康评价包括水体理化、营养盐、藻类、大型底栖动物和鱼类 5 个方面，结合各流域水生态调查数据状态，对相关数据进行了筛选，最终确定了适宜评价指标和标准。整体来讲，我国流域综合评价的平均得分为 0.46，其健康状态处于一般等级，东江、巢湖、滇池、洱海流域存在“优”等级评价样点，仅洱海流域“优”等级比例较高（超过 30%）。黑河流域和海河流域生态系统健康退化严重，主要问题表现为大型底栖动物群落结构的退化（图3-21）。

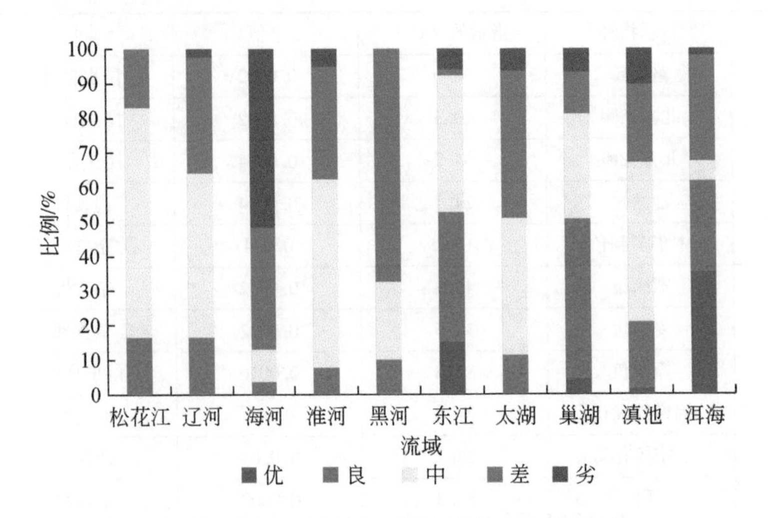

图3-21　重点流域水生态健康评价结果

(2) 应用情况

基于水专项建立的水生态规范化监测技术与健康综合评价方法，课题组编制了《江河生态安全调查与评估技术指南》，由三部委发布实施，直接支撑了“水十条”中要求的生态安全评估工作。研究成果应用于江苏省太湖流域、辽宁省辽河流域等重点流域的水生态监测体系中，在监测断面设置、监测内容和监测方法等方面都得到了充分应用。基于水专项研究成果，江苏环境监测中心开展了水生态例行监测工作。结合水生态健康评价方法科学性和业务化操作的实际需求，筛选了能够表征太湖流域（江苏）水生态健康状况的指标体系，制定了《太湖流域水生态健康评估技术方法（征求意见稿)》，研究成果为太湖流域“十四五”水生态监测评价和目标制定奠定了良好的基础。

(3) 应用前景

重点流域“十四五”规划中明确提出了水生态指标的考核要求，生态环境监测总站也正在开展重点流域水生态监测先行示范。基于水专项课题的研究成果，完成了《河流水生态调查技术规范》《水生态健康监测评价技术指南》《河流生态安全评估技术指南》3项规范指南，并已在国家标准化管理委员会和环境科学学会立项。研究成果可以为水生态监测点位布设、水生态监测技术方法、水生态健康评价指标筛选和水生态评价标准制定等水生态健康管理工作提供科学依据，支撑我国水生态健康的精准和规范化管理。

3.3.2 水生态保护目标制定技术应用案例

本研究提出的流域水生态保护目标制定技术在常州市开展了应用验证，评估了区域水生态状况，支撑诊断了区域水生态环境问题，依托河湖水动力-水质-水生态模型开展水生态保护目标可达性评估，确定水生态保护目标方案。本技术的实施取得了一定的经济社会效益，为《江苏省太湖流域水生态环境功能区划（试行)》中的水生态健康管理提供了技术支撑。

(1) 案例介绍

A. 常州市水生态保护目标制定技术应用示范

常州市水生态功能区面积4385km^2，根据《江苏省太湖流域水生态环境功能区划(试行)》，常州市共划分16个水生态功能区，鉴于长荡湖水质与所属的金坛洮湖重要物种保护-水文调节功能区内的河流差异明显，本研究将其作为一个单独的分区考虑，因此，本研究将常州市划分为17个水生态功能区分区。

B. 功能区水生态状态评价

依据水生态状态评价技术框架，参照《江苏省太湖流域水生态环境功能区划（试行)》中的水生态管理目标以及《关于开展太湖流域水生态环境功能区水生态健康监测工作的通知》（苏环办〔2017〕106号）中的监测方案，兼顾指标的可获得性，提出常州市水生态评价指标体系（表3-33)。在常州市布设60个水生态监测点，于2018年开展水文-水质-水生态综合调查，并依据水生态状况评价方法开展单项指标和综合状况评价，评价结果2个区为“良”，4个区为“中”，2个区为“劣”。评价等级低的主要限制指标为水质，基本处于劣Ⅴ类水质或中度富营养水平，水面开发利用强度大，水生植物覆盖度退化严重。

表3-33 常州市水生态功能区水生态评价指标体系

目标层	要素层	河流	湖泊
水生态完整性	生物完整性	着生藻类完整性、底栖动物完整性	浮游藻类完整性、底栖动物完整性
	水质	水质类别指数	水质类别指数、湖泊营养状态
	栖息地	生态岸线指数、岸线开发利用程度、河岸植被覆盖度、沉积物氮磷	生态岸线指数、湖岸植被覆盖度、水面开发利用程度、大型水生植物覆盖度、沉积物氮磷
	生态需水	生态水位满足程度	生态水位满足程度

C. 常州市水生态问题诊断

常州市示范区河湖水生态问题主要包括河流和湖泊底栖动物完整性低，耐污种占优，湖泊蓝藻密度高；河流水质以Ⅳ～劣Ⅴ类为主，占比超过80%，冬春季水质较差（劣Ⅴ类断面占比超过10%），主要为常州市区及周边城镇的河流，滆湖总氮为劣Ⅴ类，总磷为Ⅴ～劣Ⅴ类，长荡湖总氮为劣Ⅴ类，总磷为Ⅳ～Ⅴ类，滆湖、长荡湖全年均处于中度富营养状态；河流栖息地岸线开发利用程度较高，城市河道内源污染负荷大，氮磷污染程度高，主要湖泊栖息地圈圩（围）养殖开发利用强度大，水生植被退化严重，底泥淤积严重，内源负荷高，河流水体流动性差。

D. 常州市水生态保护目标预设

根据水生态保护目标制定技术框架，收集常州市示范区生态红线、水环境质量考核目标、水功能区划等方面的资料，确定常州市水生态功能区的主导生态功能，结合常州市水环境质量考核要求，通过叠加分析，并充分考虑水生态现状等级、社会经济发展需求等要素，预设水生态保护目标。

E. 常州水生态保护目标可达性评价

基于水生态状态评价和问题诊断结果，以水生态保护预设目标为基础，从“水质-水量-栖息地-水生生物”四类指标出发，以功能定位、水质目标、“三条红线”等为约束条件，分析指标提升潜力和提升阈值，对各指标的提升潜力进行排序，排序较高的指数在可达性评估模型中优先进入提升优化方案。应用构建的水生态保护目标可达性智能优化模型，模拟不同情景下水生态状态，对可达性进行评估与持续优化，发现有四个功能区不能达到预设目标，水生态保护目标从“良”降为“中”，最终确定水生态保护目标。

（2）应用情况

当前，我国正处于从单一水质目标管理向水质、水生态双重管理的转型期。水生态环境功能分区是水环境管理从水质目标管理向水生态健康管理拓展的基础管理单元，是确定流域水生态保护与水质管理目标的基础，“水十条”明确提出“研究建立流域水生态环境功能分区管理体系”。本技术相关内容已在江苏省水生态健康管理中得到了应用。

本技术相关内容支撑了《江苏省太湖流域水生态环境功能区划（试行）》，《江苏省太湖流域水生态环境功能区划（试行）》将江苏省太湖流域共划分成49个水生态环境功能分区，分属四个等级，针对四级分区的生态功能与保护需求，分区制定了包括水生态管控、空间管控、物种保护三大类管理目标。

《江苏省太湖流域水生态环境功能区划（试行）》提出将水生态健康和物种保护分

期纳入考核指标，在试行基础上逐步将水生态环境功能管理目标纳入太湖流域地方政府目标责任书考核体系，定期监督考核分区、分级目标完成情况。

本技术相关内容支撑了《江苏省生态河湖行动计划（2017—2020年）》，该计划提出到2020年，主要河湖生态评价优良率达到70%的目标。为支撑该目标，江苏省水利厅组织编制了江苏省地方标准《生态河湖状况评价规范》（DB32/T 3674—2019），课题组成员作为骨干参与了标准编制，将本技术研发的核心内容应用于标准编制。自《江苏省生态河湖行动计划（2017—2020年）》实施以来，江苏省推进河湖健康评价，建立了河湖健康状况常态化发布机制。

（3）应用前景

“美丽中国”的建设蓝图明确提出到2035年生态环境质量实现根本好转，水生态状态的根本好转是一项非常艰巨的任务。目前我国正处在从传统的水质管理向水生态健康管理转变的关键阶段，水生态管理除保护水资源的利用功能外，还需保护水生态系统结构和功能的完整性，实现水质目标向水生态目标管理的转换。

“十四五”期间，重点流域水生态环境保护深刻把握“山水林田湖草是一个生命共同体”的科学内涵，突出流域特色，坚持问题导向与目标导向，统筹水资源利用、水生态保护和水环境治理，建立了“十四五”水生态目标指标体系，将水生生物完整性指数等指标纳入水生态目标体系中，是支撑“十四五”水生态环境管理的重要依据。

长期以来，我国水环境管理以水质目标为核心，无法满足向水生态管理转变的需求。大量的事实证明，单一从水质角度并不能维持水生态系统的健康。只有水生态系统组成、结构和功能实现了完整性，才能真正维持河湖的健康。因此，水生态保护目标应包括水生生物完整性、水体化学完整性和物理完整性三个主要方面。当前，急需在集成“十一五”“十二五”水专项成果基础上，围绕国家“水十条”实施对建立流域水生态功能分区管理技术体系的科技需求，划分适合我国的水生态保护分区体系，将生物地理区系、自然地理条件、生态功能定位、人类活动影响相对一致的地方划分为一个区域。以维持水生态系统健康为核心，从水生生物、栖息地状况、水文状况和水环境质量四方面提出水生态保护的指标体系，研究水生生物与水质、栖息地、水文条件等之间相互关系和作用机理，从水生态状态评价、问题诊断、目标确定、可达性评估、保护目标方案等方面研发水生态目标制定的技术方法，选择典型区开展示范与验证，形成一套水生态保护目标制定技术体系，编制技术指南规范，为流域水生态的管理、保护和修复提供技术支撑。

未来的水生态环境管理将从单一水质目标管理向水质、水生态双重管理逐步转变。流域水生生物指标将纳入环境监测和考核体系中。流域水生态保护目标制定技术提出了一个普遍适用的技术框架，构建了以“水生态功能区—水生态状态评价—水生态问题诊断—水生态目标预设—可达性评估—水生态保护目标确定”为主线的一整套流域水生态保护目标制定技术体系，为制定合理的流域水生态保护目标提供指导，服务于流域水生态综合管理。

第 4 章　土地利用优化与空间管控技术

4.1　概　　述

基于流域水生态系统调查和土地利用遥感影像数据，从流域水陆耦合关系角度出发，构建流域土地利用优化模型，模拟不同情景条件下土地利用变化及土地利用氮、磷污染物输出情况，为流域土地利用空间优化提供依据。

（1）技术简介

土地利用已经成为影响水生态系统不可忽视的因素，《欧盟水框架指令》明确提出土地利用优化应该作为水生态健康管理的考虑因素。当前，我国水环境管理技术水平仍难以满足水陆一体化管理的迫切需求，急需加强面向水生态健康的土地利用优化技术研究，实现流域水生态空间优化管控。

针对土地利用对水生态影响程度不清、陆域污染关键区识别不明的情况，在水生态系统调查和土地利用状况调查的基础上，定量构建土地利用组成和格局对河湖水质的响应关系，建立基于水生态健康目标的土地利用优化管控模拟模型，研发了土地利用优化与空间管控技术，该技术涉及基于多元统计分析的土地利用水生态效应评估技术，土地利用氮、磷输出关键区识别技术，多目标土地利用数量动态优化技术，河湖滨岸带生境优先保护区确定技术，土地利用空间优化配置技术 5 项关键技术，该技术在太湖（常州地区）典型水生态功能区开展了推广应用示范，有效支撑了常州地区水生态环境管控工作的实施，取得了良好的示范应用效果。

（2）技术框架

土地利用优化与空间管控技术包括土地利用的水生态影响评估、土地利用优化与空间管控两个核心步骤，包括基于功能区水生态系统调查数据和功能区土地利用遥感影像数据，在缓冲区、集水区（汇水区）、小流域等不同空间尺度上，利用典型对应分析、冗余分析等多元统计分析方法，定量分析土地利用组成和格局对河流水生态（水质、水生生物等）的影响，开展流域土地利用氮、磷输出关键区识别。基于多目标规划方法，利用土地利用数量和空间分布格局和水生态效应之间的响应关系，建立基于水生态健康目标的土地利用优化管控模拟模型，识别水生态健康的敏感因子和流域中水生态健康比较敏感的地区，有针对性地对流域敏感地区进行管控、调整敏感因子的数量和空间分布，从而实现土地利用的优化布局。在上述分析和评估工作的基础上，形成土地利用空间优化方案（图4-1）。

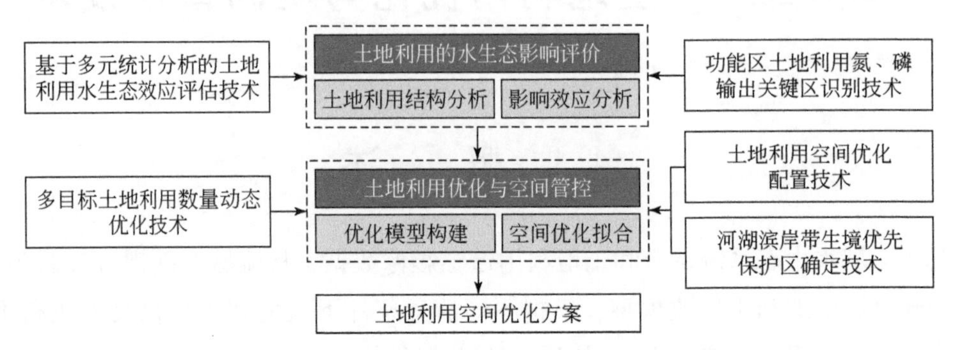

图4-1　土地利用优化与空间管控技术的结构框架

4.2　关键技术

4.2.1　基于多元统计分析的土地利用水生态效应评估技术

（1）技术简介

当前国内流域水环境管理中，多关注点源污染等方面的研究，对于人类活动的主要影响——土地利用变化对河流水生态（水质、水生生物）的研究相对较少，在从水质目标向水生态目标转换的流域水环境质量管理中缺乏相关基础支撑。因此，基于多元统计分析的方法，开展土地利用水生态效应的研究，即定量分析功能区土地利用组成和格局对流域水质、水生生物的影响，可为功能区水环境质量管理提供科学依据。本技术可以定量分析土地利用对河流水质、水生生物的影响，可应用于不同尺度上水环境质量管理和土地利用的优化调控中。

目前有关土地利用的水生态效应研究多关注土地利用与水质的相关性分析，缺乏对流域水质、水生生物群落特征影响的综合分析，同时在空间尺度上也多集中在单一尺度上开展，缺乏土地利用影响的空间尺度效应分析。因此，本研究基于多元统计分析方法，在不同空间尺度（缓冲区、集水区）上，分析了流域土地利用与水质、水生生物的响应关系，形成了土地利用水生态效应评估技术。

(2) 技术原理

基于流域水生态系统调查获取的水质指标数据和水生生物物种鉴定数据，分析河流水质（理化指标、营养盐指标）、水生生物（浮游藻类）分类单元、生物多样性指数、优势度指数等指标的空间特征。基于流域土地利用遥感影像解译数据，分析土地利用的组成（数量结构）、空间格局（景观格局）以及利用强度等特征。利用相关分析、主成分分析、典范对应分析、冗余分析、灰色关联分析、多元线性回归、二分法分析等多元统计分析方法，在不同空间尺度（缓冲区、集水区）上，分析土地利用对水质、水生生物群落特征的影响，从而完成土地利用的水生态效应评估。

(3) 技术工艺流程

本技术包括流域水生态系统调查（水质、水生生物样品采集）、土地利用遥感解译与校验、土地利用空间分析单元划分、土地利用特征分析、水生态特征分析、土地利用对水生态影响分析等主要技术环节（图 4-2）。

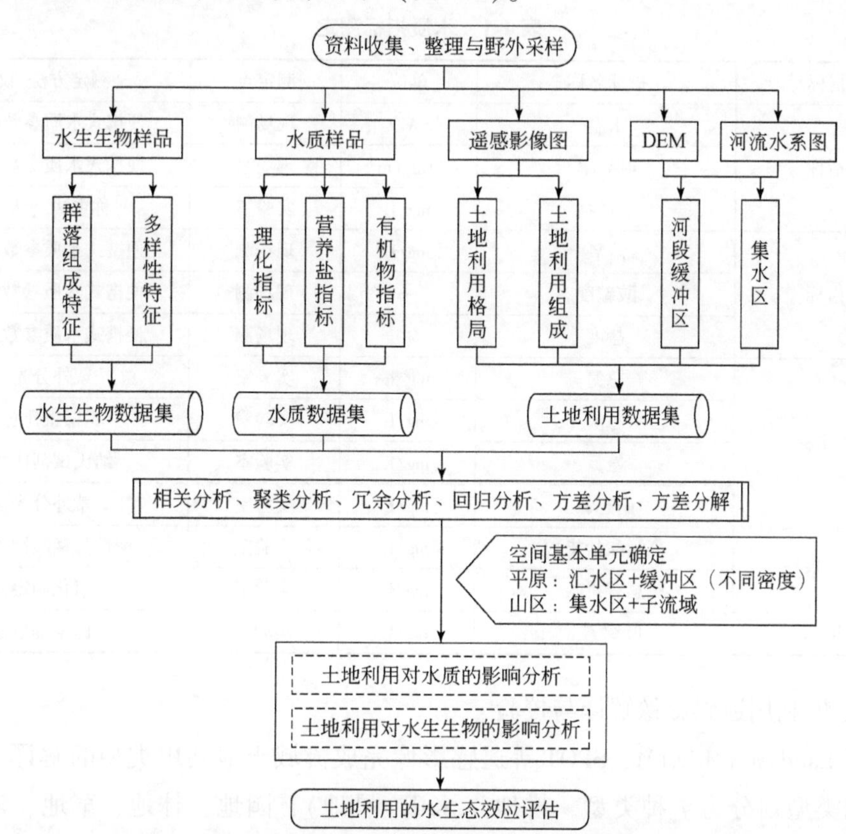

图 4-2　基于多元统计分析的土地利用水生态效应评估技术流程

A. 流域水生态系统调查取样

在开展流域水生态系统调查过程中，为了反映土地利用对流域水生态的影响，采用分层系统法进行野外调查样点的布设，保证每种土地利用类型都要有相对足够的水生态系统调查采样点，样点布设过程中还需要考虑空间区域的均匀性、交通可达性及安全性等因素，采样点尽可能覆盖多种水生态系统类型（河流、水库、湖泊）。水生态系统野外调查采样时间应尽量避开强降水（48h 内降水小于 10mm 即可进行调查采样）。

水生态系统调查内容：①野外采集水样和浮游藻类样品。水样在水下 0.5～1.0m 深度采用采水器进行采集。浮游藻类定量样品现场取样用采水器采集，其定性样品用浮游网采集。藻类样品鉴定到属或者种水平。②使用便携式水质参数测定仪对水样的 pH、水温、盐度、溶解氧、电导率等参数进行野外现场测定。③对采样点生境状况进行调查，如河岸带状况、周边土地利用状况、上下游干扰状况等信息。④水质参数室内实验室分析，根据《水和废水监测分析方法（第四版）》提到的方法采集水样并进行实验测定水质参数(表 4-1)。

表 4-1　水质指标测定

水质指标	指标名称	单位	测定点	测定方法/仪器
物理指标	水温	℃	现场测	便携式水质参数测定仪
	电导率	μm/cm	现场测	便携式水质参数测定仪
	悬浮物	mg/L	实验室	称重法（天平）
化学指标	溶氧	mg/L	现场测	便携式水质参数测定仪
	酸碱度	—	现场测	便携式水质参数测定仪
	盐度	‰	现场测	便携式水质参数测定仪
营养物指标	总氮	mg/L	实验室	紫外分光法
	总磷	mg/L	实验室	钼锑钪比色法
	氨氮	mg/L	实验室	纳氏试剂比色法
	硝态氮	mg/L	实验室	紫外分光法
有机污染指标	高锰酸盐指数	mg/L	实验室	酸性高锰酸钾消解法
	总有机碳	mg/L	实验室	氧化滴定法
生物指标	叶绿素 a	mg/L	实验室	丙酮提取法

B. 土地利用遥感影像解译与校验

基于 Landsat TM/ETM、SPOT 等遥感影像完成流域土地利用类型的解译工作，将土地利用类型划分为 7 种类型，耕地（水田+旱地）、园地、林地、草地、建设用地(居民点和工矿用地)、水域、未利用地。基于此，在开展流域水生态系统调查的同时，开展流域土地利用状况调查，完成土地利用遥感影像解译的野外校验，以确保土地利用遥感解译数据的准确性。

C. 土地利用空间分析单元划分

土地利用对河流水质、水生生物的影响具有尺度依赖性。不同空间尺度上的土地利用对水质、水生生物的影响作用强度存在差异。土地利用对水生态的影响差异主要体现在缓冲区、集水区（汇水区）尺度。在地形起伏面积较大的流域选取集水区尺度，而在地形相对平缓面积较小的区域选择河岸带缓冲区尺度。

缓冲区尺度：根据区域内地形地貌和水文特征，缓冲区通常分为两类，圆形缓冲区和带状缓冲区。在流域边界模糊，水流方向不确定的平原地区通常是建立圆形缓冲区，在有一定地形起伏、水流方向明确、流域边界明显的地区常使用带状缓冲区。根据研究区特点和研究需要可以构建不同宽度的（50m、100m、200m、500m、1000m、2000m 等）缓冲区开展相关研究。

集水区（汇水区）：考虑到地形起伏地区和平原河网区河流汇流存在差异，在地形起伏区，土地利用基本空间分析单元为集水区，基于流域 DEM 数据，利用 ArcGIS 水文模块可以完成集水区的提取。随着集水区的提取空间范围的扩大，集水区又可被称为（小）流域。在平原河网区，土地利用基本空间分析单元为汇水区，平原河网地区地势平坦，坡度变化较小，提取集水区困难，基于就近原则来确定每段河流的汇水区，即一个土地单元的面源污染和降水径流进入距它最近的河段。

D. 土地利用特征分析

现有研究表明，土地利用组成（数量结构）、空间格局（景观格局）以及土地利用强度对河流水质指标、水生生物群落特征具有重要影响，进而影响河流的水生态健康状况。因此，对土地利用特征的研究，主要从土地利用的组成特征、空间格局（景观格局）以及利用强度三方面开展。

a. 土地利用组成特征

土地利用组成特征主要体现在土地利用的数量结构上，即量化不同空间尺度土地利用类型［耕地（水田+旱地）、园地、林地、草地、建设用地、水域、未利用地］的面积以及占总面积的比例，从而反映土地利用的组合方式。

b. 土地利用空间格局（景观格局）

从表征景观破碎度、聚集度、优势度、多样性和物理连接度等景观指数中选取如表 4-2 所示通用性较高的 8 个指数来反映土地利用的空间格局特征，其中斑块个数（NP）、斑块密度（PD）、景观形状（LSI）分别表示景观中斑块的数量、密度、形状，通常用来评估景观破碎化的程度；聚集度（CONTAG）、斑块结合度（COHES）分别表示景观中同一类型斑块的聚集程度和给定阈值的斑块连接度；最大斑块指数（LPI）表示景观中面积最大的斑块面积占比程度，用来形容流域内优势景观类型；Shannon 多样性（SHDI）、平均最近邻体距离（ENN-MN）分别表示流域内景观类型的丰富度以及同类型斑块之间的平均距离。上述景观指数指标采用 Fragstats 软件计算获得。

表 4-2　土地利用的景观格局指数

景观指数	计算公式	表征的景观意义
斑块个数（NP）	$NP = N$	景观破碎度
斑块密度（PD）	$PD = (N/A) \times 10^6$	景观破碎度
景观形状（LSI）	$LSI = \frac{0.25E\sum_{k=1}^{m} e_{ik}^{j}}{\sqrt{A}}$	景观破碎度
聚集度（CONTAG）	$CONTAG = \left[1 + \frac{\sum_{i=1}^{m}\sum_{j=1}^{m}\left[(p_i)\left(g_{ik}\sum_{k=1}^{m} g_{ik}\right)\right]\left[\ln p_i\left(g_{ik}\sum_{k=1}^{m} g_{ik}\right)\right]}{2\ln m}\right] \times 100$	景观聚集度
斑块结合度（COHES）	$COHES = \left[1 - \frac{\sum_{i=1}^{m} p_{ij}}{\sum_{j=1}^{m} p_{ij}\sqrt{a_{ij}}}\right]\left[1 - \frac{1}{\sqrt{A}}\right]^{-1} \times 100$	景观聚集度
最大斑块指数（LPI）	$LPI = \frac{\max(a_1, \cdots, a_n)}{A} \times 100$	景观优势度
Shannon 多样性（SHDI）	$SHDI = -\sum_{I=1}^{M}(p_i \ln p_i)$	景观多样性
平均最近邻体距离（ENN-MN）	$ENN\text{-}MN = \frac{\sum_{i=1}^{m}\sum_{j=1}^{n} h_{ij}}{n}$	景观物理连接度

注：N 为斑块数目；A 为景观总面积；a_1，…，a_n 为斑块的面积；e 为景观中所有斑块边界的长度；p_{ij} 为斑块的周长；p_i 为每一种斑块类型所占景观总面积的比例；g_{ik} 为 i 类型斑块和 k 类型斑块毗邻的数目；h_{ij} 为每一斑块与其最紧邻体距离的总和。

c. 土地利用强度

土地利用强度可由土地利用综合程度指数来表征，其反映了某区域土地利用的广度和深度。土地利用综合程度指数值越高，表明该区域土地利用受到人类活动影响越强烈。土地利用综合程度指数可以根据下式计算：

$$LD = 100 \times \sum_{i=1}^{n} L_i \times A_i \tag{4-1}$$

式中，LD 是研究区的土地利用综合程度指数；L_i 是区域内第 i 类土地利用类型的土地利用强度分级指数；A_i 是第 i 类土地利用类型在区域内的比例（表 4-3）。

表 4-3 土地利用强度分级

级别	未利用地级	林、草、水域用地级	农业用地级	城镇聚落用地级
土地利用类型	未利用地	林、草、水域	耕地、园地	城镇、居民点、工矿用地
利用强度指数	1	2	3	4

E. 水质、水生生物特征分析

基于流域水生态系统调查获得的水质指标数据，浮游藻类鉴定数据，分析河流水质和水生生物群落特征，各类指标如下。

水质指标：溶解氧、电导率、悬浮物、酸碱度、高锰酸盐指数、氨氮、硝态氮、总有机碳、总氮、总磷、叶绿素 a 等指标。

浮游藻类指标：分类单元数、多样性指数、优势度指数、生物量指数、藻类完整性指数（P-IBI）等。

F. 土地利用对水生态影响分析

基于上述水质、水生生物群落特征分析结果，在缓冲区、集水区（汇水区）等不同空间尺度上，基于相关分析、聚类分析、冗余分析、回归分析、方差分析、方差分解等多元统计分析方法，分析土地利用（数量组成、景观格局、利用强度）对河流水质、浮游藻类群落的影响。

（4）核心技术方法和参数

本技术涉及两项关键技术，详情如下。

A. 平原河网地区土地利用影响的空间基本分析单元（汇水区）划定技术

平原河网地区地势平坦，坡度变化较小，较难根据地形来确定河段受土地利用影响的空间范围。依据就近原则来划分对河流样点影响的土地利用空间范围，即某地区土地利用单元的面源污染和降水径流进入距它最近的河段。在此原理指导下可以确定土地利用空间单元与河段的对应关系，其具体划分步骤如下。

a. 最小单元的划分

用 100m×100m 的正方形将土地利用图层划分为网格状，每一个正方形网格代表一个基本土地单元。将水系图层叠加在土地利用之上，以每个网格内占比最大的土地利用类型作为该网格整体的土地利用类型。

b. 研究区河段的划分

考虑到多种因素，如河段的长度、水环境功能分区、水质保护的敏感性和水质监控断面的位置，将一些河段划分为长度不同的两条子河段。

c. 确定空间土地利用单元对应的河道

图 4-3 显示了土地空间基本单元和就近河道的位置关系。计算一个土地单元几何中心与子河段最近点之间的最小直线距离，标记为 d_1，d_2，d_3，…，d_l，…d_N，N 是这个网格周围的子河段的数目。如果 d_1 是 d_1，d_2，d_3，…，d_N 之间的最小值，那么子河段 1 就是该土地空间单元降水径流和面源污染对应的流入河段。

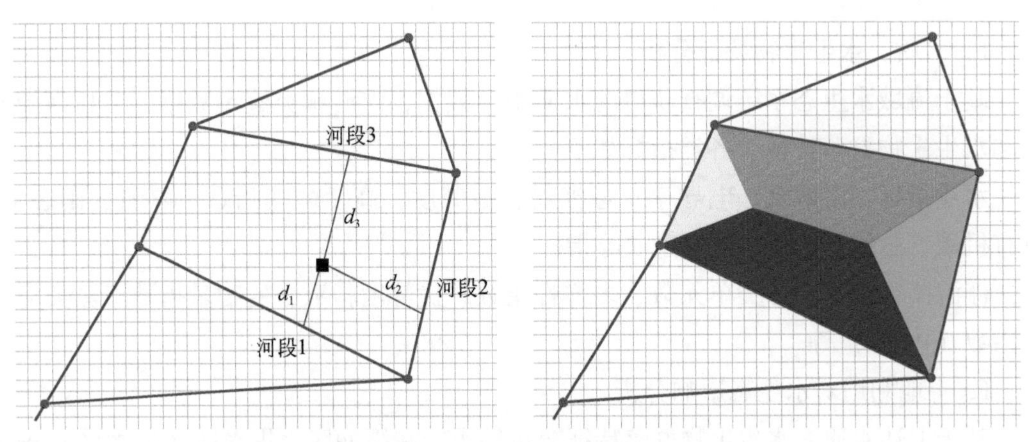

图 4-3　平原河网区土地利用影响空间基本单元划分示意

d. 河段对应的土地空间单元集合（汇水区）

可以确定每个土地空间单元与子河段之间的对应关系，从而获得每个子河段对应的土地空间单元集合（汇水区）。

B. 土地利用对水生态（水质、水生生物）影响的尺度效应评估技术

土地利用对水质、水生生物的影响具有尺度依赖性，主要体现在时间尺度和空间尺度两个方面。在时间尺度上，通常分析土地利用的季节变化、年变化对河流水质、水生生物产生的影响差异，如不同水文时期（枯水期、丰水期、平水期），河流水质对土地利用的响应关系并不完全相同。在空间尺度上，由于不同流域的水文和地貌条件存在差异，景观特征也有所不同，不同空间尺度（缓冲区、集水区、小流域）上的土地利用对于河流水质、水生生物的影响作用强度存在差异。

（5）技术创新点及主要技术经济指标

1）目前有关土地利用对水质、水生生物的影响研究多关注土地组成（数量结构）的影响。本技术提出从土地利用强度+景观格局+数量结构三方面，综合分析土地利用对河流水生态（水质、水生生物）的影响，阐明土地利用不同特征对河流水生态的影响，突出了在流域水环境管理中水陆耦合关系研究的重要性。

2）目前，有关土地利用对河流水质、水生生物的影响研究也多集中在单一空间尺度上，而土地利用对水质、水生生物的影响常呈现出尺度依赖性。因为不同流域的

水文和地貌条件存在差异，景观特征也有所不同，不同空间尺度上的土地利用对河流水质、水生生物的影响作用强度存在差异。土地利用对河流水生态的影响差异主要体现在缓冲区、集水区（汇水区）尺度。在地形起伏面积较大的流域选取集水区尺度，而在地形相对平缓面积较小的区域选择河岸带缓冲区尺度。在河岸带缓冲区尺度上，确定对河流水生态健康影响最大的区域，即确定河岸带土地利用影响的敏感带（河岸缓冲区宽度）。

3）河流水生态指标与土地利用之间的关系存在非线性关系，可以通过二分法分析及显著性检验，确定与土地利用呈非线性响应的水生态参数对土地利用响应的突变点及其所对应的土地利用类型占比变化阈值。本技术提供了一种确定河流水生态指标对流域土地利用组成响应突变的方法，克服了现有技术中难以根据水生态对流域土地利用的非线性响应特征来确定土地利用结构阈值的缺陷。

4.2.2 功能区土地利用氮、磷输出关键区识别技术

（1）技术简介

近年来，我国水环境污染问题凸显，面源污染问题逐渐占据主导地位。人类活动作用下的土地利用变化改变了地表水流向和流速，氮、磷等营养物质随地表径流迁移，从而形成了大范围的面源污染。不同的土地利用类型对面源污染物总氮、总磷输出的影响是不同的。目前，国内外基于机理模型（如 SWAT）开展土地利用对非点源氮、磷污染物影响评估，由于模型所需参数较多且难于获取，其较难在大范围流域推广，尚未与水生态功能区尺度上的水环境管理相结合。因此，构建在资料相对缺乏的情况下，完成功能区尺度上土地利用非点源总氮、总磷输出模型，可为功能区水环境质量管理提供依据。本技术利用输出系数模型和 InVEST 模型，构建流域土地利用非点源总氮、总磷输出模型并开展空间拟合，识别流域土地利用氮、磷输出关键区，根据氮、磷输出强度等级，将治理重点和有限的资源投入到流域氮、磷负荷高而范围相对较小的敏感地区，优先加强管理措施，可以大大提高水环境治理的投资效益，更好地实现预期的水生态环境治理目标。

（2）技术原理

在构建流域空间基础数据库（土地利用、DEM、气象、土壤、社会经济等资料数据）的基础上，基于流域水质水文监测数据，利用输出系数模型和 InVEST 模型，构建流域土地利用非点源总氮、总磷输出模型并完成验证，对流域土地利用总氮、总磷污染物输出进行空间拟合，在不同空间尺度（乡镇、县市、生态功能区）上，完成土

地利用总氮、总磷污染物输出估算并完成土地利用总氮、总磷输出关键区的识别，为地方管理部门在水环境管理过程中提供重点针对性的空间管控单元，方便管理政策和措施的落地与实施。

(3) 技术工艺流程

本技术包括基础空间数据资料收集与整理，总氮、总磷输出模型的构建与校验，土地利用总氮、总磷输出估算，总氮、总磷关键污染区识别等主要环节（图4-4），详情如下。

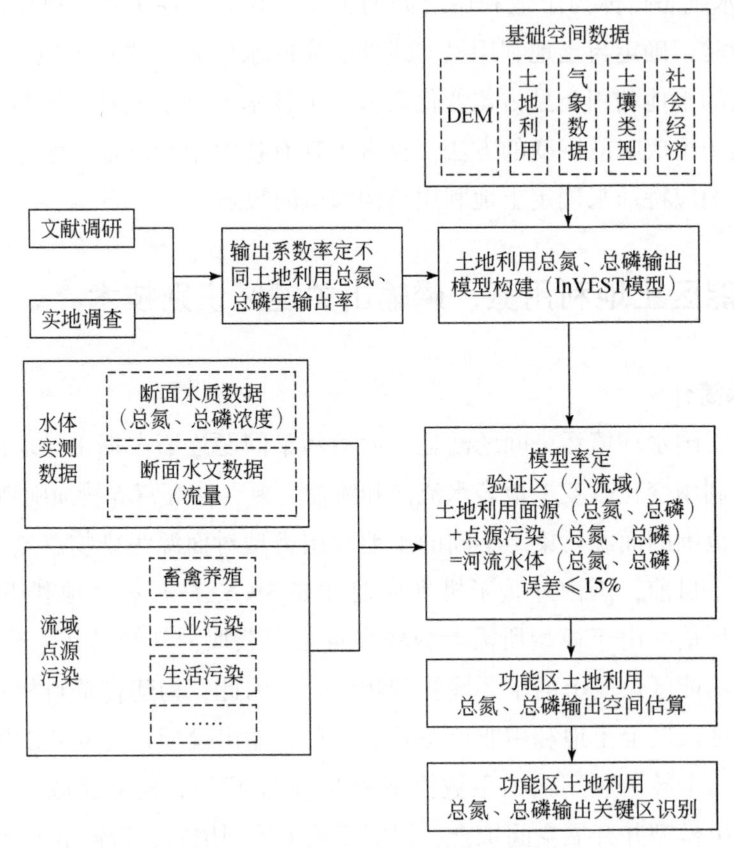

图4-4　流域土地利用氮、磷输出关键区识别技术流程

A. 流域基础空间数据收集与整理

收集流域土地利用、DEM、气象数据、土壤类型、社会经济等基础空间数据并形成数据库，为后续模型构建提供数据基础。

B. 流域土地利用总氮、总磷输出模型的构建与校验

基于文献阅读和实地调研，确定不同土地利用类型的输出系数，基于输出系数模型和InVEST模型，构建总氮、总磷输出模型并在验证区（小流域）完成模型参数率定与验证。

C. 流域土地利用总氮、总磷输出估算

利用 InVEST 模型完成流域土地利用总氮、总磷污染物输出的估算与空间拟合，分析其空间差异。

D. 流域总氮、总磷污染关键区识别

在流域土地利用总氮、总磷空间输出模拟的基础上，从乡镇、县市、生态功能区等不同尺度上，识别流域总氮、总磷污染关键区。

（4）核心技术方法和参数

本技术涉及两项关键技术：①流域土地利用总氮、总磷输出模型构建；②流域土地利用总氮、总磷输出关键区识别。

A. 流域土地利用总氮、总磷输出模型构建

根据非点源总氮、总磷污染物在流域内输入输出质量守恒原则，可建立如下方程：

$$L_i = L_{i0} + L_{i1} + L_{i2} \tag{4-2}$$

式中，L_i 为流域内第 i 种污染物的年负荷量（kg）；L_{i0} 为流域点源第 i 种污染物的年负荷量（kg）；L_{i1} 为流域内由非土地利用因素（如农村生活、畜禽养殖）产生的第 i 种污染物的年负荷量（kg）；L_{i2} 为流域不同土地利用方式产生的第 i 种污染物的年负荷量（kg），在本研究中污染物仅涉及总氮和总磷。流域污染物年负荷量（L_i）、农村生活和畜禽养殖产生的污染物负荷量（L_{i1}）、不同土地利用方式产生的污染物负荷量（L_{i2}）、点源污染物年负荷量（L_{i0}）计算过程如式（4-3）~式（4-6）所示：

$$L_i = C_i \times Q \times 365 \tag{4-3}$$

式中，C_i 为流域出口断面第 i 种污染物的平均监测浓度（kg/m^3）；Q 为流域出口断面的日均流量（m^3）。

$$L_{i0} = C_{i枯} \times Q_{枯} \times D_{枯} \times \lambda \tag{4-4}$$

式中，$C_{i枯}$ 为枯水期流域出口断面的第 i 种污染物的平均监测浓度（kg/m^3）；$Q_{枯}$ 为枯水期流域出口断面枯水期平均流量（m^3）；$D_{枯}$ 为枯水期的时间（d）；λ 为流域的损失系数（基于文献获取）。

$$L_{i1} = \lambda \sum_{j=1}^{n} F_{ij} Q_j \tag{4-5}$$

式中，i 为污染物类型；j 为人或畜禽类型；F_{ij} 为单位数量第 j 种污染源第 i 种污染物的输出系数［kg/（头·a）或 kg/（人·a）］，基于文献获取；Q_j 为农村人口数或畜禽养殖量（人或头），数据来源于市县统计年鉴；λ 为流域的损失系数。

$$L_{i2} = \lambda \sum_{j=1}^{n} E_{ij} A_j \tag{4-6}$$

式中，i 为污染物类型；j 为土地利用类型，包括七大类型，耕地（旱地、水田）、园地、林地、草地、未利用地、建设用地、水域；E_{ij} 为污染物 i 在流域第 j 种土地利用类型的输出系数 [kg/(hm^2 · a)]，主要参考全国污染源普查和相关文献；A_j 为流域第 j 种土地利用类型的面积（hm^2），基于遥感影像获取研究区土地利用类型数据。

B. 流域土地利用总氮、总磷输出关键区识别

基于流域土地利用总氮、总磷输出量的空间估算，同时与不同空间尺度管理需求相衔接（乡镇、县市、功能区等不同空间尺度），统计各空间单元上土地利用总氮、总磷输出量，再计算其输出强度（各空间单元输出总量除以空间单元面积），按照分位数法将输出强度分为高、较高、中、较低、低 5 个等级，将输出强度等级为高、较高的空间单元识别为土地利用总氮、总磷输出的关键区，将其作为重点优先管控对象加以控制，制定针对性的管理措施。

（5）技术创新点及主要技术经济指标

本技术基于流域水质水文监测数据，构建流域土地利用非点源污染物总氮、总磷输出模型，开展总氮、总磷输出的空间拟合，识别不同空间管理尺度（乡镇、县市、水生态功能区等不同空间尺度）上土地利用总氮、总磷输出关键区，为地方管理部门在水环境管理过程中提供重点针对性的空间管控单元，方便管理政策和措施的落地与实施。本技术可以有效避开面源污染发生和发展的复杂过程，所需参数少，操作相对简便，又具有一定的精度，可以在资料相对缺乏的情况下在流域尺度上推广，为当地水生态环境的保护提供依据。

4.2.3 多目标土地利用数量动态优化技术

（1）技术简介

土地利用数量结构指国民经济各部门占地的比例及其相互关系的总和，是各种用地按照一定的构成方式的集合。多目标土地利用数量动态优化技术可以解决以下两个相关的问题：一是在既定的土地利用和人口经济发展趋势下，预测未来的土地利用数量结构；二是通过结构的优化达到国民经济各部门之间土地资源的合理分配，实现人口、社会经济、水生态健康等多个目标需求。

（2）技术原理

我国幅员辽阔，土地利用、水生态系统功能和属性在空间上的复杂性与变异程度都非常大，不同的土地利用类型及其结构对水生态系统的影响会有很大的差异性。不同的流域，土地利用的数量、结构有很大的差异性，流域水生态系统功能的不同，导

致对土地利用结构的要求也会不同，如水源地保护、基本农田保护、自然保护区等，通过多目标土地利用数量动态优化技术，结合 GIS，采用线性和非线性规划、相关分析和回归分析等多种方法对流域土地利用数量结构进行优化与预测，可缓解土地利用导致的面源污染对水生态系统的破坏和影响。

（3）技术工艺流程

多目标土地利用数量动态优化技术由三个子模块组成（图 4-5），分别为“保护规则模块—河岸带生境质量评估模块—土地利用数量预测与优化模块”。

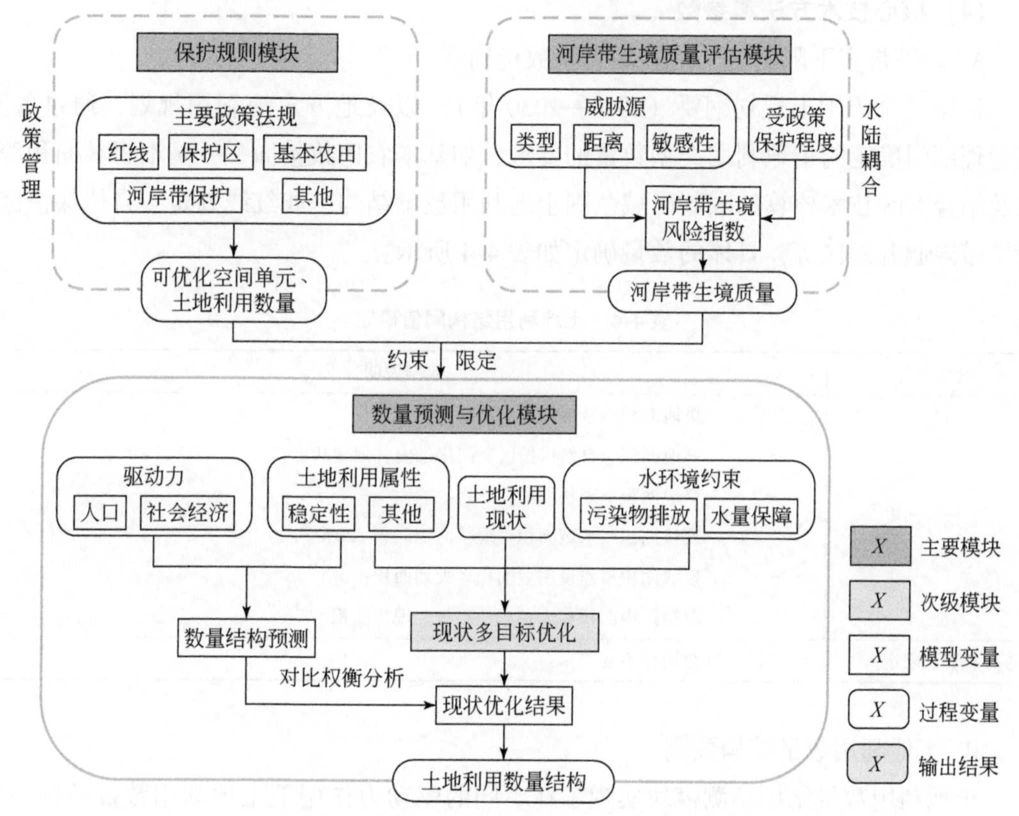

图 4-5　多目标土地利用数量结构动态优化框架

A. 保护规则模块

确定可以参与优化的空间单元和土地利用类型的数量范围，包括主要政策法规，如生态红线的划定、自然保护区的范围、水源保护区、基本农田的空间分布和数量要求、河岸带保护范围等。

B. 河岸带生境质量评估模块

评估河岸带生境质量受土地利用影响的风险程度。方法：采用对生境质量造成威胁的威胁源的类型、威胁源和河岸带保护生境的距离、生境对威胁源的敏感程度以及河岸带受政策保护的程度来综合评价河岸带生境受土地利用影响的风险程度。

C. 土地利用数量预测与优化模块

采用约束条件限定、相关分析和回归分析、模型模拟、线性及非线性多目标优化方法预测未来的土地利用数量结构并对其结构进行合理性优化。

(4) 核心技术方法和参数

A. 政策规定下限制区土地利用类型数量确定

根据《全国国土规划纲要（2016—2030 年)》以及地方土地利用规划，通过各流域管理部门确定的土地利用类型数量的要求，如基本农田数量面积、基本森林面积等，以及结合 GIS 技术核算的限制区域范围土地利用数量结构，如红线划定、自然保护区、河岸带限制开发区等，具体的数量确定如表 4-4 所示。

表 4-4　土地利用结构阈值确定

约束条件	数据说明
限制区约束	耕地面积≥基本保护农田面积； 林地面积≥自然保护区、河岸带内林地现状面积； 草地面积≥现状面积； 现状面积≤水域面积≤现状面积×（1+20%）； 现状面积≤建设用地面积≤规划面积； 限制区内面积≤未利用地数量≤现状面积
总面积限定	总面积不变

B. 土地利用数量结构预测

土地利用数量结构预测模块实现了在不同的驱动力作用下土地利用数量结构的预测。监测土地利用变化过程、分析变化的驱动因素、研究变化的驱动机制、揭示土地利用变化规律是为了提高预测土地利用变化的能力。因此，根据对土地利用变化的理解，对影响其变化的自然和社会条件的未来发展变化进行预测，分析土地利用类型和其外部驱动力之间的关系，再利用专家知识对其进行校正，针对土地利用的外部驱动力以及土地利用类型自身的属性，如人口变化、经济的快速增长和政府的宏观政策要求等进行土地利用数量结构变化的预测。目前进行土地利用需求预测的最常见模型就是马尔可夫（Markov）链模型，该模型将土地利用类型的数量需求变化按照马尔可夫过程进行趋势外推，以土地利用自身属性为主要考虑因素；GKSIM 模型则主要是根据外部驱动力的变化来进行数量结构的预测，因此可以综合两个模型预测的结果作为土地利用变化的数量结构预测，具体的计算流程如图 4-6 所示。

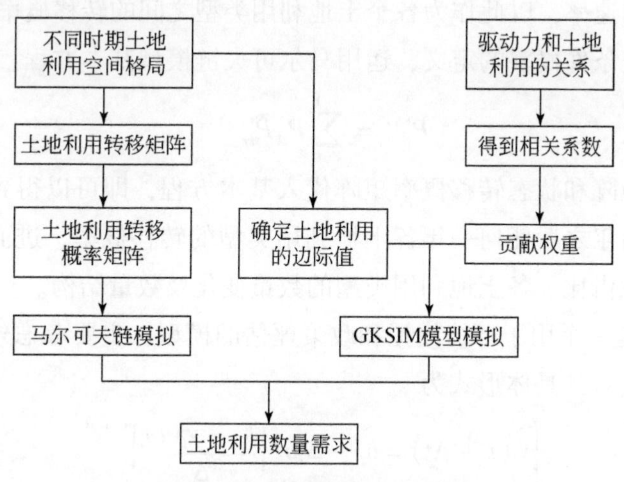

图 4-6　土地利用数量结构预测

马尔可夫链模型首先把土地利用动态划分为 n 个可能的状态（土地利用类型）：E_1，E_2，…，E_n，然后根据现状土地利用数据计算各个状态之间互相转化的概率，根据转移概率建立状态之间的转移概率矩阵：

$$\boldsymbol{P}=\begin{bmatrix} p_{11} & p_{12} & \cdots & p_{1n} \\ p_{21} & p_{22} & \cdots & p_{2n} \\ \vdots & \vdots & \ddots & \vdots \\ p_{n1} & p_{n2} & \cdots & p_{nn} \end{bmatrix} \tag{4-7}$$

$$\begin{cases} 0 \leqslant P_{ij} \leqslant 1 \quad (i,\ j=1,\ 2,\ \cdots,\ n) \\ \sum_{j=1}^{n} P_{ij}=1 \quad (i,\ j=1,\ 2,\ \cdots,\ n) \end{cases} \tag{4-8}$$

式中，P_{ij} 为从状态 E_i 转变为状态 E_j 的转移概率，如果某一个事件目前处于状态 E_i，那么在下一个时刻，它可能向状态 E_1，E_2，…，E_n 中的任何一个状态转变；n 指土地利用类型的总数。

状态之间的转移概率矩阵确定之后，就可以得到土地利用变化过程中任何状态出现的概率：

$$\boldsymbol{E}(n)=\boldsymbol{E}(n-1)P=\cdots=\boldsymbol{E}(0)P^n \tag{4-9}$$

式中，$\boldsymbol{E}(n)$ 为土地利用系统在 n 时刻的状态概率向量；$\boldsymbol{E}(0)$ 为初始状态概率向量，可以使用初始状况下每种土地利用类型面积占水生态功能区总面积的比例作为各个土地利用类型的初始状态，构成初始状态率矩阵 $\boldsymbol{E}(0)$，根据水生态功能区不同时间的土地利用空间分布图提取土地利用类型之间的转移矩阵，进一步计算土地利用类型之间相互转化的平均速率，以此作为各个土地利用类型之间的转移概率。

根据马尔可夫条件概率的定义，运用马尔可夫链模型基本方程：

$$P_{ij}^{(n)} = \sum_{k=0}^{n-1} P_{ik} P_{kj}^{(n-1)} \tag{4-10}$$

将初始状态矩阵和状态转移概率矩阵代入基本方程，即可以得到一个马尔可夫模拟模型，求得初始年之后任何一年各土地利用类型的转移概率，进而可以计算出各土地利用类型的面积占比、各土地利用类型的数量变化及数量结构。

GKSIM 模型是一个用于环境模拟和政策评估的模型，主要考虑外部驱动因子对土地利用变化的影响，其具体形式为

$$\begin{cases} y_i(t+\Delta t) = b_i - \Delta_i q_i \left\{\dfrac{b_i - y_i(t)}{\Delta_i}\right\}^{S_i w_{it} d_t} \\ \sum\limits_{i=1}^{m} y_i(t+\Delta t) = T \end{cases} \tag{4-11}$$

式中，m 为土地利用类型的数量；$y_i(t)$ 为第 i 种土地利用类型在时间 t 时的面积；$y_i(t+\Delta t)$ 为第 i 种土地利用类型在时间 $t+\Delta t$ 时的面积；b_i 为第 i 种土地利用类型所能够达到的最大边际值（土地利用类型的边际值可以用多期土地利用数据的最大最小面积表示，也可以选择规划数据中的最大最小面积来计算）；Δ_i 为第 i 种土地利用类型所能够达到的最大边际值与最小边际值之差；q_i 和 S_i 为需要确定的参数，q_i 取值范围为 0 ~ 1，S_i 为大于 0 的参数；$d_t>0$，为用来保证方程成立的调整系数；$w_{it}>0$，为不同土地利用类型之间的相互作用和外部驱动力对 $y_i(t)$ 的综合影响；T 为研究区域总面积。在该模型中，$y_i(t+\Delta t)$ 的增加或者减少，取决于函数 w_{it} 的值是大于 1 还是小于 1。

以人口和经济发展 GDP 作为土地利用变化的主要外部驱动力变量，两者的变化速率对土地利用变化有着重要的影响，其作用主要体现在函数 w_{it} 中，w_{it} 采用下面的函数形式表示：

$$w_{it} = h_{p_i} \prod_{j=1}^{t} \left(\frac{p_j}{p_{j-1}}\right)^{k_{p_i}} + (1 - h_{p_i}) \prod_{j=1}^{t} \left(\frac{e_j}{e_{j-1}}\right)^{k_{e_i}} \tag{4-12}$$

式中，p_j 为时间 t 时的人口数量；e_j 为时间 t 时的 GDP；k_{p_i} 或者 $k_{e_i}=1$ 表示人口或者 GDP 增加对 w_{it} 具有正向作用；k_{p_i} 或者 $k_{e_i}=0$ 表示人口或者 GDP 增加对 w_{it} 没有影响；k_{p_i} 或者 $k_{e_i}=-1$ 表示人口或者 GDP 增加对 w_{it} 具有负向作用；$0 \leqslant h_{p_i} \leqslant 1$ 为人口变量的权重，$1-h_{p_i}$ 为 GDP 的权重。

最后根据各研究区的实际情况，将马尔可夫链模拟结果和 GKSIM 模型模拟结果进

行均值处理，得到最终的预测结果。

C. 土地利用数量多目标优化

常用的土地利用结构优化方法为模型法，建立数学模型，反映土地利用活动与其他影响因素之间的相互作用关系，借助计算机技术进行求解，获得多个可供选择的解式，揭示土地利用活动对各项政策措施和目标要求的反应。土地利用系统既受客观因素的制约，又受决策者主观因素的影响，优化土地利用结构就是确定土地利用结构中最优的主观控制变量，使总体目标优化，如式（4-13）所示。

$$\begin{cases} \text{opti} \quad Z = f(x) \\ \text{s.t} \quad g(x) \leqslant B(\text{或} \geqslant A) \\ \qquad\quad x \geqslant 0 \end{cases} \tag{4-13}$$

式中，opti 为目标函数 Z 取最大值或最小值；s. t 为约束；$g(x)$ 为约束条件；A 为约束函数限定的最小值；B 为约束函数限定的最大值；x 为主观控制变量（决策变量）。

当 $f(x)$ 与 $g(x)$ 表现为线性函数时，为线性规划模型：

$$\begin{cases} \max(\text{或} \min) \quad Z = CX \\ \text{s.t} \qquad\qquad \boldsymbol{A}x \leqslant \text{或} \geqslant \boldsymbol{B} \\ \qquad\qquad\qquad x \geqslant 0 \end{cases} \tag{4-14}$$

式中，$\boldsymbol{A}$ 为系数矩阵；$\boldsymbol{B} = (b_1, b_2, \cdots, b_m)$；$\boldsymbol{X} = (x_1, x_2, \cdots, x_n)$；$\boldsymbol{C} = (c_1, c_2, \cdots, c_n)$。

实际优化过程中，往往需要同时考虑多个目标，如经济目标、人口目标和水生态目标，因此要进行全面分析，尽量减少目标的数量，剔除从属性和必要性不大的目标，将类似目标合并，把次要目标变为约束条件，把几个目标通过平均或构成新函数的办法，形成综合目标。或对多个目标进行排序，优化时首先考虑重要目标，然后再考虑次要目标进行优化。多目标优化常用的方法有综合效用值法、主目标优化法和层次分析法。

$$\text{WY} = \sum_{i=1}^{n} X_i W_i \tag{4-15}$$

$$T_{\text{area}} \leqslant \sum X_i \tag{4-16}$$

$$\text{Tp} \geqslant \text{MinWY} \geqslant \text{WY\_plan} \tag{4-17}$$

$$E = \sum_{i=1}^{n} a_i X_i \tag{4-18}$$

式中，WY 表示水生态健康评估结果；X_i 表示第 i 种土地利用类型的面积；W_i 表示第 i 种土地利用类型单位面积汇入水体污染物（如碳、氮、磷含量）的数量；n 表示土地利用类型总数；T_{area} 表示流域总面积（km^2）；Tp 表示优化之后所须达到的水生态健康指标（水量、水质、生境质量等指标）；E 表示经济总量（万元）；a_i 表示经济效益系数。

在计算机中进行多次迭代计算，获得满足多个约束条件的最优土地利用数量结构。

（5）技术创新点及主要技术经济指标

本技术综合考虑政策因素、水生态管理要求、人口经济等多个目标，既可以在人口、经济等的发展趋势下进行土地利用数量结构预测，也可以在现状土地利用数量结构和其他水环境等功能需求约束条件下进行土地利用数量结构优化，比较预测结果和现状优化结果，可以明确两者之间的差异，剖析未来如何调整和管理土地利用，给未来的发展政策管理提供一定的建议，体现了水生态系统-土地利用数量结构-社会经济系统的相互作用关系，很好地弥补了土地利用结构优化及模拟研究在多目标综合方面的匮乏，实现了更高效地动态确定土地利用数量结构，对于复杂多变的水生态环境和经济社会有很好的适应性和实用性。

4.2.4　土地利用空间优化配置技术

（1）技术简介

利用土地利用类型在空间上的分配来达到复杂系统的生态、经济和社会效益最优目标，依据水生态环境的约束、政策需求、土地资源自身属性进行综合评判，采用最大分配概率分配原则、兼顾土地利用数量结构需求，对流域内土地利用类型进行合理的空间优化配置，以提高土地利用的效率和生态效益，维持土地利用系统和水生态系统的相对平衡与可持续发展的一种技术。

（2）技术原理

以不同土地利用类型和水生态健康之间的响应关系为基础，识别影响水生态健康的敏感土地利用类型和水生态健康变化敏感区域，利用土地利用景观格局分析方法分析土地利用类型的自身属性以及不同土地利用类型之间的相互作用关系，获取每个空间栅格分配某种土地利用类型的分配概率，基于最大分配概率原则来配置空间栅格的土地利用类型，采用多目标权衡分析方法开展不同土地利用分配方案的水生态效应评估，根据不同区域的功能特点和需求，最终确定土地利用空间优化分配方案。

（3）技术工艺流程

土地利用空间优化配置技术运用定量分析方法将土地利用系统和政策管理目标、

水生态系统管理目标结合起来，以寻求合理的土地利用空间分布格局，实现水生态健康目标。利用土地利用数量结构优化技术的保护规则模块，根据水生态保护要求、经济发展要求、生态保护及修复要求等确定在水生态功能区范围内可以参与配置的空间网格；利用河岸带生境质量评估模块，根据河岸带生境受到威胁源（土地利用方式、强度以及距离河岸带远近）的影响，通过河岸带生境风险评估获取不同土地利用类型的重点限制空间网格；基于给定的土地利用数量结构，结合重点限制空间网格，通过土地利用空间配置模块，计算每一个网格针对每一种土地利用类型的稳定性、邻域系数、适宜性概率，最后综合计算获取总分配概率，在可分配网格根据最大的总分配概率来进行土地利用类型的空间优化配置；最后通过水生态效应评估模块，对确定的土地利用空间分配方案进行水生态效应评估，评判土地利用空间优化分配之后水生态健康状况最终达到的目标，确定合理的土地利用空间格局。

具体的技术流程如图 4-7 所示。

（4）核心技术方法和参数

A. 邻域系数

每个栅格的土地利用与其相邻的土地利用类型之间形成相互作用关系，对土地利用的转化和空间分配具有很大的影响。邻域系数主要用来揭示栅格点土地利用类型的扩张规律，利用相邻年际的多期土地利用空间分布图进行叠加，获取某个栅格点周围某种土地利用类型在确定大小的栅格块中出现的频次，表征在指定的第 i 个栅格点，第 k 种土地利用类型出现的概率值。首先在第 i 个栅格点周围确定 $N \times N$(N行N列) 大小的栅格数量，统计每一期土地利用空间分布图中 $N \times N$ 格网第 k 种土地利用类型所占据的栅格数，计算邻域系数 $F_{\Omega}^{i,k}$ 的具体公式如下：

$$F_{\Omega}^{i,k} = \frac{\sum_{N \times N} \text{con}(c_p^{t-1} = k)}{N \times N - 1} \times w_k \tag{4-19}$$

式中，$F_{\Omega}^{i,k}$ 表示在第 i 个栅格点第 k 种土地利用类型出现的概率值；$\text{con}(c_p^{t-1} = k)$ 表示在 $N \times N$(N行N列) 大小的土地利用网格块中，在其中一期 ($t-1$) 土地利用图中土地利用类型 k 占用的网格计数，如果土地利用类型为 k，则计数为 1，否则计数为 0；w_k 表示土地利用类型 k 对其他土地利用类型影响的权重，其取值范围为 0 ~ 1，根据专家知识（查阅文献）和土地利用变化率来确定，如果该类土地利用类型对其周边的影响较大，则邻域效应较大，如建设用地的扩张。以滦河流域为例，搜集多年的土地利用数据，计算之后，最终采用的土地利用类型邻域系数见表 4-5。

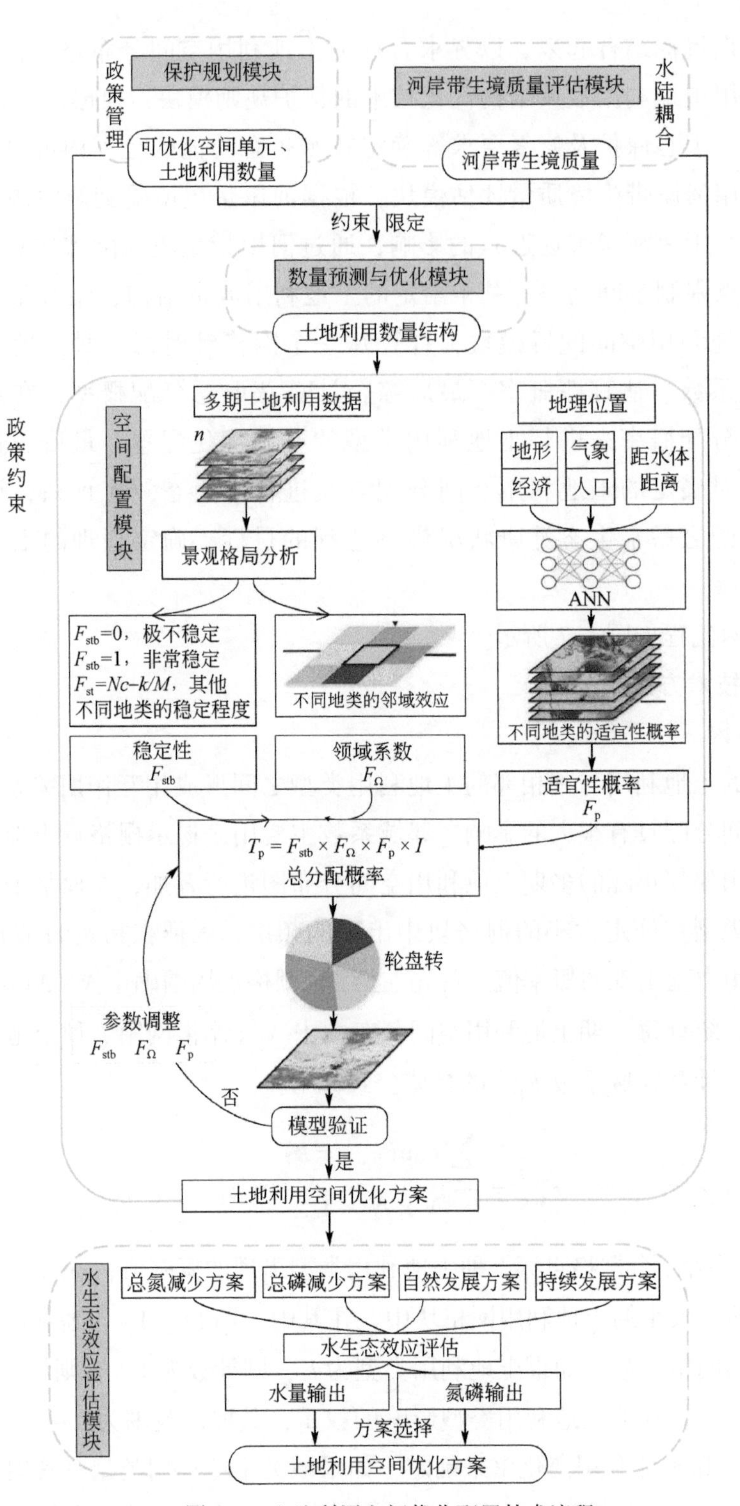

图 4-7　土地利用空间优化配置技术流程

表 4-5 不同土地利用类型邻域系数

土地利用类型	耕地	林地	草地	水域	建设用地	未利用地
邻域系数	0.20	0.12	0.63	0.52	0.83	0.45

B. 适宜性概率

适宜性概率表征土地利用空间格局对区位自然和人文条件的响应。利用多个驱动因子的栅格图层，采用人工神经网络法（图 4-8）进行不同土地利用类型在每一个网格上的适宜性概率的计算，获得每一种土地利用类型的适宜性概率栅格图层，其基本构成包括一个输入层（含多个神经元）、一个或多个隐藏层（进行内部计算的中间图层）和输出层（不同土地利用类型的适宜性概率栅格图）。输入层神经元是指土地利用变化驱动因子；隐藏层是指根据流域假设的驱动因子和现状土地利用图，通过模型采样训练等迭代计算，确定单个土地利用空间栅格各土地利用类型发生的概率；输出层是指不同土地利用类型的适宜性概率栅格图。具体原理如图 4-8 所示。

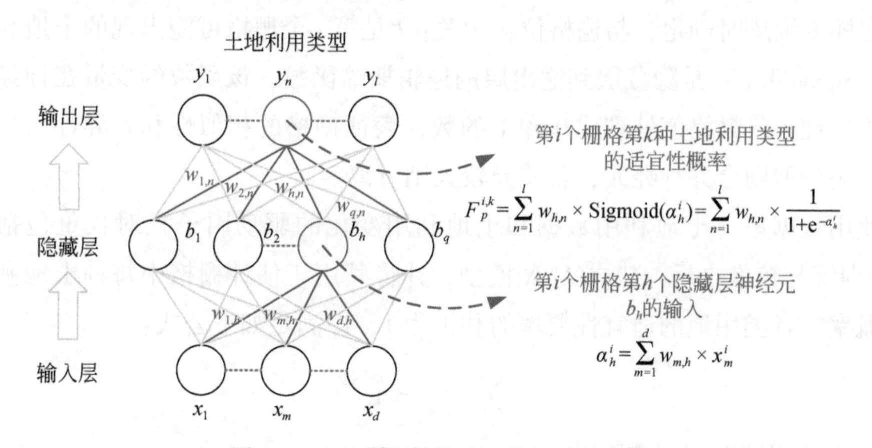

图 4-8 土地利用转换人工神经网络示意

首先，需要准备输入层神经元：

$$X = [x_1, x_2, \cdots, x_d]^{\mathrm{T}} \tag{4-20}$$

式中，x_d表示输入层第 d 个神经元，即土地利用变化的第 d 个驱动因子（这些因子主要包括自然属性，如高程、多年降水量、多年平均气温、土壤有效含水量、根系限制性深度、坡度、坡向等，以及社会经济属性，如人口密度，GDP，距离铁路、国道、省道、乡村道路的距离等，对水生态影响较大的土地利用类型的空间格局属性，如距离水体的距离、湖泊的距离、河渠和林地的距离，距离建设用地、城镇、自然村、耕地的距离等）；X 表示多个驱动因子的集合；T 表示向量转置。

其次，利用内部隐藏层的生成及影响权重计算，尝试揭示土地利用与驱动因子间的复杂关系，隐藏层具体计算如下：

$$\alpha_h^i = \sum_{m=1}^{d} w_{m,h} \times x_m^i \tag{4-21}$$

式中，α_h^i 是第 i 个栅格的隐藏层中第 h 个神经元（b_h）获得的输入神经元传递的数值，利用多个驱动因子对隐藏层的影响权重加和确定对隐藏层的影响；x_m^i 是第 i 个栅格的输入层中第 m 个神经元（土地利用变化驱动因子 x_m）；$w_{m,h}$ 是输入层对隐藏层贡献率的大小或权重，其值在样本训练时确定，主要采用最小二乘法逼近误差最小的方法进行多次迭代获得；d 是输入层神经元的总个数（土地利用变化驱动因子的总数）。

最后，利用 Sigmoid（）函数进行不同隐藏层的合并或分离

$$F_p^{i,k} = \sum_{n=1}^{l} w_{h,n} \times \mathrm{Sigmoid}(\alpha_h^i) = \sum_{n=1}^{l} w_{h,n} \times \frac{1}{1+\mathrm{e}^{-\alpha_h^i}} \tag{4-22}$$

式中，$F_p^{i,k}$ 是在第 i 个栅格土地利用类型 k 出现的概率 F_p；$w_{h,n}$ 是隐藏层和输出层间的权重，在样本训练时确定，与栅格位置无关；l 是第 i 个栅格可能出现的土地利用类型的总数；Sigmoid（）是隐藏层到输出层的逻辑斯谛函数，该函数的变量在神经网络中做二值化处理，将最终值处理成 0 和 1 的数，表征栅格的相似性和差异性，如果驱动因子的影响相似则合并神经元，若差异较大则分离。

在使用数据集（土地利用数据和土地利用变化的驱动因子）对权重包括 $w_{m,h}$ 和 $w_{h,n}$ 进行训练与校准之后，建立 ANN 模型，并将其用于估计栅格中每种土地利用类型的发生概率。各类用地的适宜性概率的和恒为 1，即满足如下公式：

$$\sum_{i=1}^{n} F_p^{i,k} = 1 \tag{4-23}$$

C. 土地利用空间优化配置

针对单个栅格，土地利用类型可能保持不变或者变成其他土地利用类型。土地利用空间优化配置步骤为：①确定土地利用类型保持不变时的总分配概率，用稳定性、邻域系数、惯性系数和适宜性概率的乘积表示；②确定土地利用类型变为其他地类时的概率，利用稳定性、邻域系数、惯性系数（此时惯性系数为 1，不影响总分配概率）和适宜性概率的乘积表示该栅格转变为其他地类的概率，确定最大总分配概率；③用 1 减去土地利用类型保持不变时的分配概率和变为其他土地利用类型时的最大总分配概率，差值作为其他土地利用类型出现的概率和，同时，根据短板理论，采用极限条件判断法，如果某一土地利用类型出现的概率小于 95% 分位数的值，则该类土地利用类型不再参与分配，然后采用随机数选择的方法，最后确定占据该网格单元的土地利

用类型，可以表示为

$$1 = \sum p(X_i) + p(k = c) + \max(p(k \neq c)) \tag{4-24}$$

式中，$p(X_i)$ 为某一格点各类土地利用类型出现的概率；$p(k = c)$ 为土地利用类型保持不变时的总分配概率；$p(k \neq c)$ 为土地利用类型发生变化时的最大总分配概率；i 为除第 k 种、第 c 种土地利用类型和出现的概率小于95%分位数的土地利用类型外的其他土地利用类型。按照各类型出现比例叠加为单位1，随机选择出现某土地利用类型。

D. 土地利用空间配置模型验证

土地利用空间配置完成之后，需要对土地利用空间分配的准确性进行验证，主要采用以下几种方法。

a. ROC 曲线验证

对于各土地利用类型和影响因素的逻辑斯谛回归方法的拟合度采用 ROC 曲线进行检验，ROC 曲线的横坐标（表征特异性）表示把实际为假值的判断为真值的概率，纵坐标（表征敏感性）表示把实际为真值的判断为真值的概率，ROC 曲线下方的面积反映土地利用类型的概率分布与真实土地利用类型分布之间的一致性，面积值越接近于1，表明回归方程的拟合度越高，越接近真实的土地利用空间分布。

b. FoM 验证

土地利用空间优化分配的模型验证方法中，FoM 的方法要优于 Kappa 系数的方法。

$$\text{FoM} = \frac{B}{A + B + C + D} \tag{4-25}$$

式中，A 是发生了变化却分配为不变化而导致的错误面积；B 是发生了变化被正确地分配成变化的面积；C 是变成了某种土地利用类型的面积，但是预测分配为其他土地利用类型导致的误差面积；D 是没发生变化的区域被错误地预测为发生变化的面积。FoM 的变化范围为［0，1］，数值越大，表明精确度越高。如果 $\text{FoM}>0.9$，表示模拟结果很好；如果 $0.8<\text{FoM}<0.9$，表示模拟结果一般；如果 $\text{FoM}<0.8$，表示模拟结果较差。

（5）技术创新点及主要技术经济指标

分析土地利用空间格局和水生态系统之间的相互作用关系，采用综合回归分析方法，筛选出敏感因子和主要因子，制定相关权重，识别出受土地利用变化影响比较敏感的集水区；运用流域综合性分析的理念，综合考虑土地利用空间格局及其变化和水生态系统之间的相互作用关系，将水生态系统和土地利用变化过程进行耦合，结合 GIS 技术，促进信息系统和数据模型的融合，通过空间叠加与重要性权重计算，采用非线性多目标规划、供需平衡、土地利用景观格局分析、权衡分析等相应的方法，通过水生态功能类别以及空间优化网格界限的确定，综合考虑水生态系统健康等级目标和自然因素对土地利用空间分布格局的影响与需求，进行基于水生态健康的流域土地利用空间优化。本技术从多系统、多方法、多尺度结合的角度，指导流域土地利用空间优化与管理，很好地弥补了单项土地利用优化或者水生态健康评价在综合分析方面的匮乏，具有更加精准的优势，实现了从综合性的角度更高效地动态提取和确定土地利用空间优化方案，对于我国复杂多变的环境也有很好的适应性，可真实地反映土地利用变化和水生态系统之间的耦合关系，更加贴合实际情况。

4.2.5 河湖滨岸带生境优先保护区确定技术

(1) 技术简介

本技术集成了流域水文-水质模型、物质输移模型、水动力模型，采用水陆耦合模拟的方式，充分模拟营养盐从源头到湖泊的空间动态过程，定量表征湖泊型流域内不同位置的河湖滨岸带对湖泊富营养化的贡献程度，综合分析各河湖滨岸带生境的风险等级，并依此识别出需要优先保护的区域，为更有针对性的水环境保护方案的制订提供依据。

(2) 技术原理

湖泊型流域内，面源污染物汇集至湖泊并造成污染，需要经历源头输出、河网输移、湖泊扩散三个阶段，这三个阶段的强度存在明显的空间差异，导致从流域内不同位置输出的污染物对湖泊污染的贡献程度不同，本技术则是据此特点，以营养盐为代表，采用水陆耦合模拟的方式，定量表征从不同位置输出的营养盐在各个阶段的动态变化强度，依此分析不同区域的河湖滨岸带对湖泊富营养化的贡献程度，综合判断其生境的风险等级，进而确定优先保护区。本技术集成了流域水文-水质模型、物质输移模型和水动力模型，根据流域内的地形、土地利用类型、人口、气候条件等因素模拟各河湖滨岸带输出营养盐的强度；随后模拟营养盐在河网输移过程中因植被吸收、吸附、沉淀等过程造成的削减程度；最后模拟营养盐进入湖泊后的扩散程度。将定量化的输出、输移和扩散三个指标进行耦合，最终形成优先管理指数（PMI），并根据流域内各河湖滨岸带的 PMI 值来确定优先保护区。

(3) 技术工艺流程

河湖滨岸带生境优先保护区确定技术流程如图 4-9 所示。

1）河湖滨岸带地形识别：河湖滨岸带内的面源营养盐在不同地形条件下，输出到水体中的方式、过程和浓度有所不同，需要采用不同的流域水文-水质模型进行模拟，因此，预先识别地形条件是模型选择的前提。本技术方案将河湖滨岸带所在区域

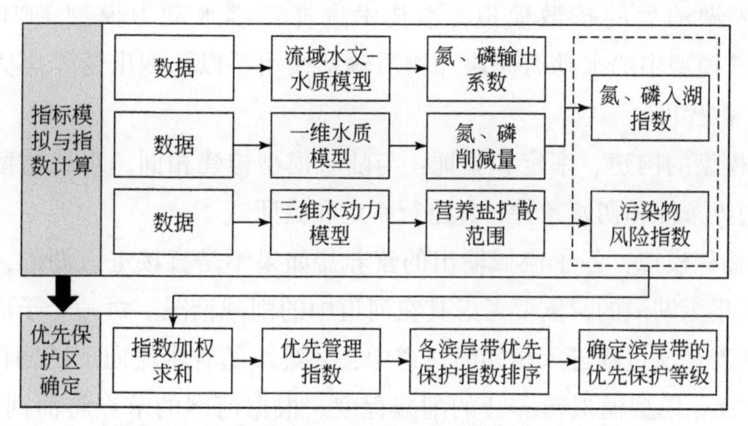

图 4-9　河湖滨岸带生境优先保护区确定技术流程

地形条件分为山区和平原两种，由于地形起伏的差异，这两种地形的地表水文过程也存在明显差异，需要分开模拟。

2）陆域模型选择：识别滨岸带所处地形条件后，即确定了营养盐输出的方式，并据此选择相应的流域水文-水质模型来模拟营养盐输入水体的浓度。对于山区，污染物输移依赖于坡面上的产流、汇流过程，适合使用分布式水文-水质模型，本技术选择SWAT（Giri et al.，2014）；对于平原，地表水文过程往往依赖于排水系统，如渠道、泵站、涵洞等，营养盐随排水系统进入河流或湖泊，因此，更适合使用圩区水文-水质模型，如 PDP（Huang et al.，2016）、NDP（Huang et al.，2018）等。

3）子流域划分：整个流域由很多拥有独立水文过程的子流域构成，子流域内的营养盐动态也是相对独立的，可以作为独立单元来分析。在山区，子流域的划分由自然地形条件决定，使用高程数据可以轻易划分。在平原，各子流域由河网分割而成，并经过人工筑堤修坝，建立给排水系统，这样的子流域称为圩区，可以直接作为平原保护区进行分析。河湖滨岸带则都分布于各个子流域内，对子流域的风险分析也就是对河湖滨岸带的风险分析。

4）陆域模型构建、率定和验证：根据地形条件，选择合适的模型后，依据调查数据建立研究区的流域水文-水质模型，并设置合适的初始条件和边界条件，利用实测的水质、水文数据对模型进行率定和验证。

5）模拟各子流域的营养盐输出：对各河湖滨岸带所在的子流域，使用经过率定和验证的流域水文-水质模型（SWAT 或 PDP、NDP）模拟营养盐的输出浓度。

6）水域模型选择：水域中的模拟包括营养盐在河网输移过程中的削减程度和进入湖泊后的扩散程度。对于营养盐在河网中的削减，本技术采用 QUAL2Kw 模型进行模拟，该模型是一维水质模型，可以较为准确地模拟出河段中营养盐的削减程度。对于营养盐进入湖泊后的扩散模拟，本技术选择三维水动力模型 EFDC（Ji et al., 2007），使用该模型中的水动力模块和物质输移模块可以预测出营养盐从湖泊各处进入湖泊后的扩散程度。

7）水域模型的构建、率定和验证：与陆域模型构建相同，水域模型的构建也要设置合适的边界条件和初始条件，并进行率定和验证。

8）河网输移模拟：各子流域输出的营养盐如果不是直接进入湖泊，而是通过河网输移最终汇集至湖泊的，需要考虑其在河道中的削减情况。每一个子流域所产生的营养盐都会随着径流过程进入相邻的河道中，并继续随着水流向下游输移。本技术选择使用 QUAL2Kw 模型模拟营养盐的削减程度。根据河网的节点将河网拆分成河段，然后明确子流域输出的营养盐进入哪个相邻河段，这里假设只有子流域的相邻河段才会对营养盐有削减效果，因为削减作用对于大量的营养盐负荷而言并不明显，下游河段很难对上游河段来的营养盐起到削减作用，因此本技术只对各子流域输出营养盐所进入的相邻河段进行营养盐削减模拟。

9）确定各子流域营养盐最终入湖浓度：在模拟各子流域营养盐的输出浓度和在河道输移过程中的削减浓度后，两者相减便可知该子流域所输出的营养盐最终入湖的浓度。

10）模拟进入湖泊营养盐的扩散范围：营养盐进入湖泊后受到水动力条件的影响，继续向湖泊内部扩散，营养盐从不同位置进入湖泊所遭遇的水动力条件不同，因此扩散的程度也不同。利用 EFDC 对湖泊水动力条件进行模拟，并在此基础上进一步利用物质输移模块模拟营养盐从不同位置的湖岸进入湖泊后因扩散而造成的影响范围。将湖区离散成若干个网格，使用染料代表营养盐，从每个近岸网格输入相同的浓度染料，并设置阈值浓度以界定染料扩散的最大范围，以此作为衡量营养盐从湖泊各位置进入湖泊后的扩散风险的依据（Huang et al., 2017）。

11）分析指数计算：对各子流域的营养盐输出和输移模拟后，获得各子流域营养盐入湖量，作为一项风险分析指标。营养盐入湖后的扩散风险，通过模拟营养盐从不同位置入湖后的扩散范围表征，并根据各子流域所输出营养盐的入湖位置，确定各子流域营养盐扩散风险，作为另一项风险分析指标。对所有子流域的营养盐入湖量进行归一化处理，计算获得 0 ~ 1 的入湖风险指数，定量表征各子流域营养盐入湖对湖泊富营养化的贡献程度。对于扩散程度的表征，首先也是对从各位置进入湖泊的营养盐扩散范围模拟结果进行归一化处理，计算形成 0 ~ 1 的污染物风险指数，然后结合河网的流向和水量分配将该指数反推到各个子流域，来定量表征各子流域营养盐扩散对湖泊富营养化的贡献程度。

12）耦合各指标，确定优先保护区：将各子流域的两个指数加权求和，获得新的指数（PMI），将所有子流域 PMI 值排序，划分出四个等级，确定优先管理区。

（4）核心技术方法和参数

A. 平原圩区营养盐动态模拟技术

本技术中对于平原圩区营养盐输出的模拟基于水专项自主研发的平原圩区营养盐动态过程模型（NDP 和 PDP），也是本技术应用的重点环节。两个模型均基于质量守恒定律，包含了水量平衡模块和氮、磷动态模块。水量平衡模块描述了圩区独特的水文过程，即四种土地利用类型（建设用地、水域、水田和旱地）的水量平衡及人工给排水机制（如涵洞和泵站）。氮动态模块集成了养分动力学模型 INCA 和通用土壤流失方程 USLE，并参考了 EFDC 等模型，充分考虑大气沉降、硝化及反硝化作用、分解作用、植物吸收等过程。磷动态模块中将磷分为两种存在形式（溶解态磷和颗粒态磷），不仅描述了圩区内陆域上的磷动态过程，而且也描述了磷在坑塘和沟渠中的动态过程。

B. 水陆耦合模拟技术

水陆耦合模拟是本技术的关键方法，该方法为综合分析河湖滨岸带的风险提供了极好的支撑，是优先保护区确定的核心技术。该方法将营养盐从源头输出到湖泊扩散的各个阶段，对湖泊富营养化贡献进行了定量的表征，并具体到各个子流域，综合分析出各个子流域的风险等级，根据风险分析结果可以轻而易举地划分出优先管理区，并且也反映出水陆耦合模拟技术可以有效应用于水环境管理当中，以便更加细致地控制湖泊污染。

（5）技术创新点及主要技术经济指标

1）考虑了整个流域上的河湖滨岸带，而非特别针对山区或平原；

2）充分考虑了营养盐在整个空间上的动态过程，综合评价了各河湖滨岸带的风险等级；

3）采用模型模拟的方式，充分体现了其高效、可靠、低成本等特点；

4）优先保护区的识别结果可以为更有针对性的河湖滨岸带生境保护措施的制定和实施提供依据。

（6）实际应用案例

本技术已应用于滆湖湖滨岸带优先保护区确定。采用水陆耦合模拟的方式，识别了滆湖 2km 范围内的优先保护区。由于滆湖处于平原区，是典型的平原区浅水湖泊，其周边分布的陆域区域基本都是圩区，本技术中对于陆域范围内营养盐的动态模拟采用 NDP 和 PDP 模型。研究范围距离湖体非常近，营养盐将非常迅速且直接地进入湖泊，因此暂不考虑河道的削减现象，营养盐入湖情况的计算将不结合河网削减，仅仅计算营养盐输出指数。营养盐进入湖泊后的扩散程度用 EFDC 模型中的水动力模块和物质输移模块模拟，初步模拟结果为近岸网格的污染物风险指数，再结合河段和圩区排水口信息，将污染物风险指数赋予各圩区。最后将营养盐入湖指数和污染物风险指数耦合，获得各圩区的优先管理指数，并划分出四个等级的优先保护区。模拟所使用的数据清单见表 4-6。

表 4-6　数据清单

数据类型	指标	采集地点	采集时间	时间分辨率	数据来源
土地利用	土地利用类型	常州市、无锡市	2014	—	国家土地利用调查
人口	人口数量	常州市	2014	—	常州市统计局
气象	日降水量；日最高、日最低、平均气温；湿度；风速；风向；每日日照时间	国家气象站溧阳站	2014	每日	国家气象站
水文	流量和水位	张河桥、东安桥、湟里桥和嘉泽大桥	2014	每日	国家水文站
水质	总磷和总氮	尖圩	2014	—	现场调查
湖泊特征	水深；湖底地形；湖泊形态	滆湖	2014	—	江苏省水文水资源勘测局常州分局
排水口	位置信息	滆湖周边圩区	2018	—	现场调查

研究区内各圩区的氮输出系数值的分布范围为 12.9～50.2kg/(hm^2·a)，圩区氮输出指数的分布如图 4-10（a）所示，绝大多数圩区的氮输出指数值低于 0.25；磷输出系数值的分布范围为 0.6～6.3kg/(hm^2·a)，同样，圩区磷输出指数值也普遍低于 0.25［图 4-10（b）］。

滆湖及周边的盛行风向为东风，年平均风速为 3.4m/s。典型水文气象条件下的水位如图 4-11（a）所示。为了更好地描述水动力状况，典型水文气象条件下的流速和流向如图 4-11（b）所示。从图中可以看出，高流速的区域都出现在出入湖河流的河口处，说明出入湖河流对水动力的作用要大于风力的作用，河口周围区域内的营养盐更容易扩散或排出湖体。

所有圩区的污染物风险指数值如图 4-12（a）所示。耦合以上计算的各圩区的三个指数，通过加权求和的方式获得优先管理指数结果，优先管理指数分布在 0～0.25、0.25～0.50、0.50～0.75 和 0.75～1.00 范围内的圩区数量分别为 12 个、52 个、3 个

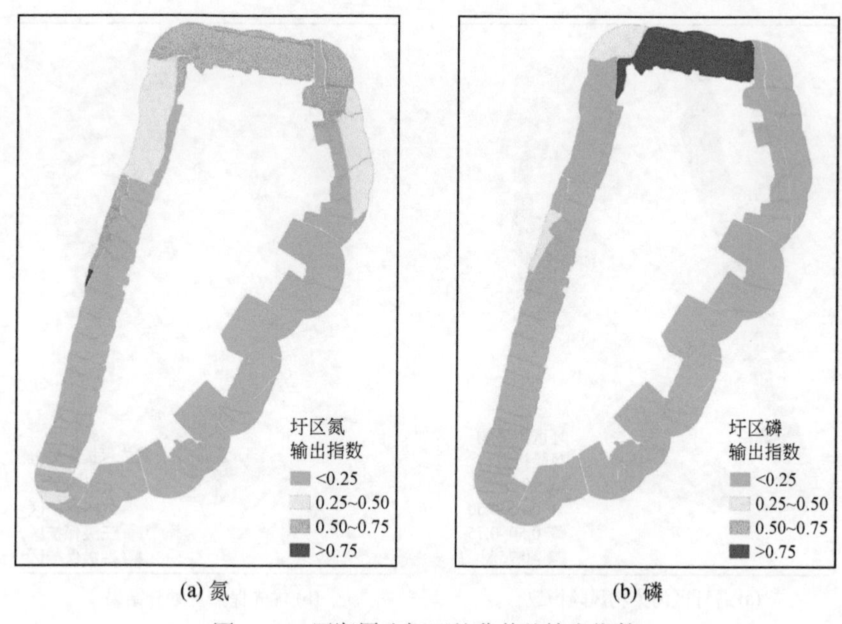

(a) 氮　　(b) 磷

图 4-10　漏湖周边圩区的营养盐输出指数

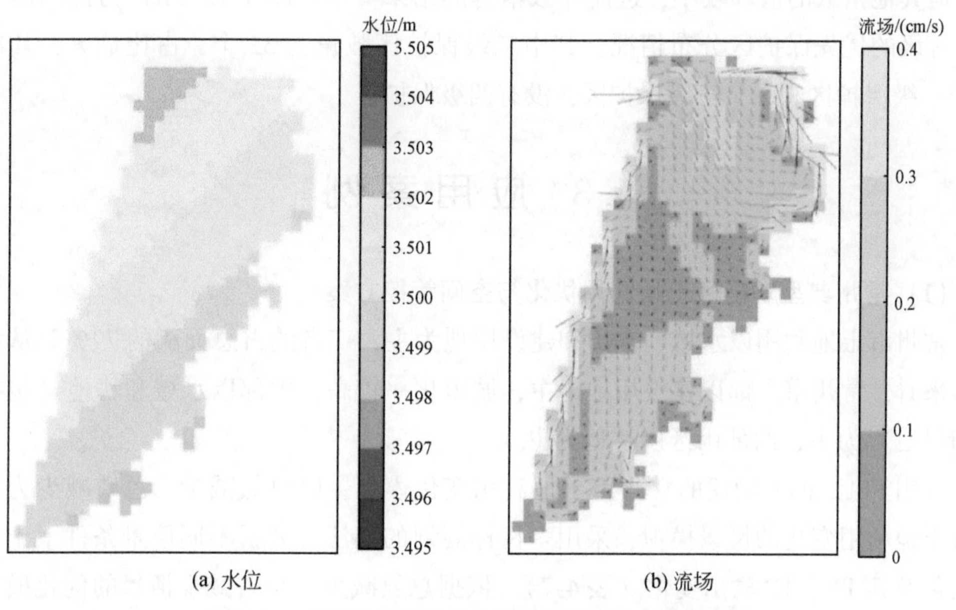

(a) 水位　　(b) 流场

图 4-11　典型水文气象条件下的漏湖水动力模拟结果

和 0 个。结果中没有出现较高的优先保护指数值，但是氮输出指数、磷输出指数以及圩区污染物风险指数的结果中都存在较大值，这是由于即使一个圩区某个指数的值较

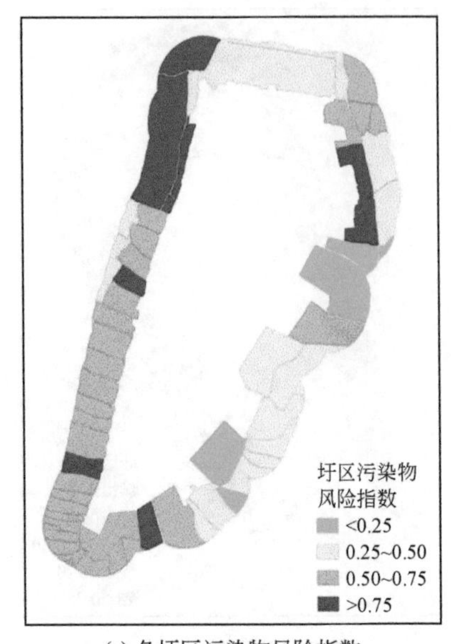

(a) 各圩区污染物风险指数

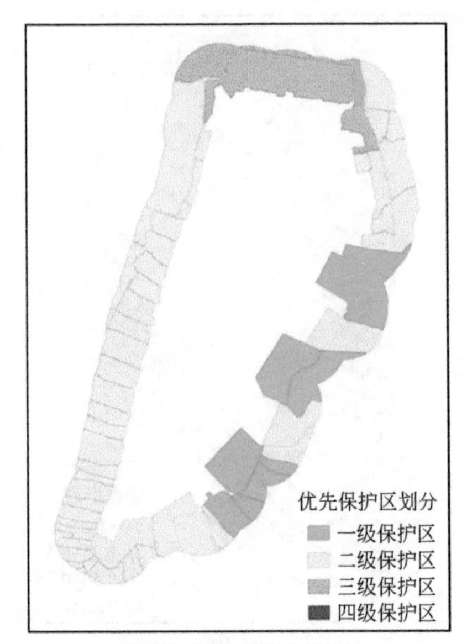

(b) 优先保护区划分结果

图 4-12　营养盐扩散分析结果和保护区划分

大，但其他指数的值却较小，进而导致耦合的结果变小。图 4-12（b）为滆湖滨岸带中各等级的优先保护区分布情况，其中二级保护区数量为 52 个，占比最大，其次为 12 个一级保护区和 3 个三级保护区，没有四级保护区。

4.3　应用案例

（1）常州典型功能区土地利用优化与空间管控方案

常州市土地利用以水域、水田和建设用地为主，三者约占总面积的 79%。从空间分布来看，常州市东部以建设用地为主，城镇化率较高，中部以水域和耕地（包括水田和旱地）为主，西部山区以林地为主。

利用 FLUS 模型构建的常州市土地利用变化模型，以总氮减少、总磷减少为目标进行土地利用变化的情景模拟，采用多目标规划的方法，分析不同情景条件下土地利用变化及其 TN、TP 输出变化（表 4-7）。依据总氮减少、总磷减少情景的优化模拟结果，得出常州市土地利用的空间配置（表 4-8）。在土地利用情景模拟中，将生态红线区作为土地利用的空间约束条件，将《太湖流域水生态环境功能区划》（试行）对常州市 4 个生态等级 16 个水生态功能区提出来的土地利用空间管控目标作为土地利用的数量约束条件，分别进行土地利用空间优化。

表 4-7　FLUS 模拟的多目标规划

约束类别	约束条件	数据说明
政策与社会约束	土地面积	各类土地利用面积不高于总面积；林地和水域总面积不低于《江苏省太湖流域水生态环境功能区划（试行）》；耕地数量不低于基本农田数量
	人口约束	人口总量不低于现状
	产业结构	第一产业与第二、第三产业比不高于现状
水生态约束	TN、TP 输出总量	总氮、总磷输出量达到最低
空间限制区	生态保护红线	生态保护红线内的土地利用保持不变

表 4-8　总氮、总磷减少情景下常州市各土地利用类型面积　（单位：km^2）

土地利用类型	现状	总氮减少情景	总磷减少情景
水田	1245.23	979.00	973.63
旱地	313.79	261.56	272.11
林地	189.97	306.07	305.23
草地	18.43	25.55	24.16
水域	1085.37	1416.55	1416.91
建设用地	1177.64	1210.16	1199.52
未利用地	15.19	2.84	3.77
园地	326.61	173.34	179.75

（2）滦河典型功能区土地利用优化与空间管控方案

滦河流域土地利用以林地、草地和耕地为主，约占总面积的 92%。从空间分布上来看，滦河流域的耕地大多沿河流分布；林地主要分布在中部；草地分布在北部和南部。

利用 FLUS 模型构建的滦河流域土地利用变化模型，以总氮减少、总磷减少为目标进行滦河流域土地利用变化的情景模拟，采用多目标规划的方法，分析不同情景条件下土地利用变化及其 TN、TP 输出变化（表 4-9）。在土地利用情景模拟中，将生态红线区作为土地利用的空间约束条件，结合总面积等土地利用的数量约束条件示例，管理部门可依据规划目标进行更改。依据总氮减少情境、总磷减少情境的优化模拟结果，得出滦河流域土地利用的空间配置（表 4-10）。

表 4-9　FLUS 模拟的多目标规划

约束类别	约束条件	数据说明
政策与社会约束	土地面积	耕地不低于基本保护农田；林地不低于限制区（自然保护区、河岸带）内总面积；草地不低于 1995 年数量；水域不低于现状，且不高于现状面积的 25.6%；建设用地不低于目前的 85%；未利用地数量不低于限制区内数量，不高于现状数量
	经济约束	GDP 总量不低于现状
	人口约束	人口总量不低于现状
水生态约束	TN、TP 输出总量	输出数量不高于现状
空间限制区	生态红线	生态红线不变
	基本保护农田	基本保护农田不变

表 4-10　总氮、总磷减少情景下滦河流域各土地利用类型面积　（单位：km^2）

土地利用类型	现状	总氮减少情景	总磷减少情景
耕地	6462.57	5619.42	5619.35
林地	13 747.51	14 869.8	14 962.99
草地	13 209.50	13 011.26	13 011.17
水域	573.88	683.34	571.41
建设用地	1418.53	1202.82	1202.82
未利用地	655.21	473.15	492.05

第5章 水生态承载力评估与调控技术

5.1 概述

（1）技术简介

水生态承载力是衡量经济社会与水生态系统协同发展关系的科学概念，表征流域水生态系统通过自身服务功能特性支撑经济社会活动的状态或能力。从流域水生态系统服务完整性出发，水生态系统对人类活动的承载服务表现在水资源供给、水环境净化和水生态支持三大方面，而人类社会系统过度的资源环境开发利用导致水生态承载力状态失衡，使得水生态系统呈现不健康和不稳定的状态。

本技术针对水生态承载力表征指标不清、超载问题不明、改善潜力认识不足和整体优化提升策略不清的现状，在科学辨析水生态-社会经济复合系统内在影响规律的基础上构建涵盖水资源-水环境-水生态的评估指标体系，研发了水生态承载力数值模拟模型和“增容-减排”调控技术，形成了水生态承载力评估调控技术体系，包括基于水生态系统服务功能的承载力评估诊断、水生态承载力系统动力学模拟模型、基于“增容-减排”的水生态承载力系统模拟模型、基于连通函数的水文调节潜力评估、流域水生态承载力综合调控5项关键技术。

（2）技术流程

该技术以“评估诊断—调控指标筛选与措施制定—系统模型构建—综合优化调控”为主线（图5-1）。

具体步骤如下：①从水生态系统整体性、系统性及内在规律出发，建立水资源-水环境-水生态为核心的水生态承载力表征指标体系，评估诊断水生态承载状态和问题短板；②围绕流域水生态环境突出问题和短板，从产业结构、土地利用、水文调节、生态修复等“增容-减排”措施出发，建立水生态承载力系统调控指标、措施及参数阈值清单；③利用系统动力学技术，耦合经济社会压力模块、流域水生态过程模块、承载力调控潜力评估模块和系统模拟优化模块建立水生态承载力系统模拟模型；④模拟评估各项调控措施对承载力指标的改善潜力和效率，采用情景优化、数值模拟等技

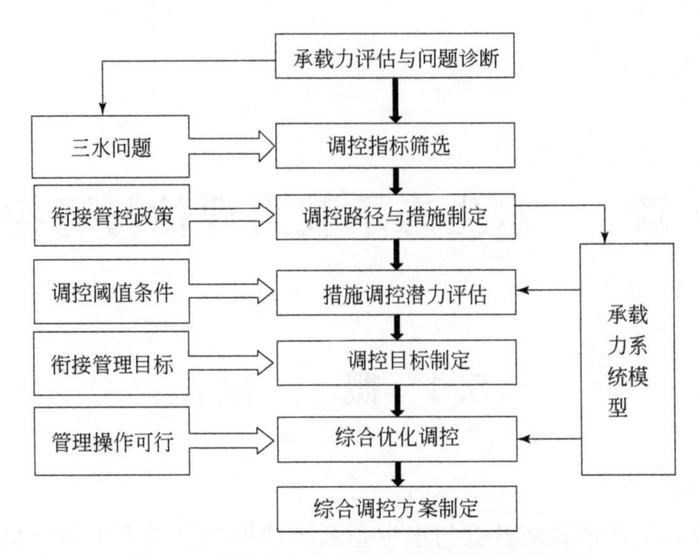

图 5-1　流域水生态承载力优化调控技术流程

术手段，开展兼顾“减排”“增容”的综合调控情景优化，评估目标可达性和成本效益，优选综合调控情景。

5.2 关键技术

5.2.1 基于水生态系统服务功能的水生态承载力评估诊断技术

（1）技术简介

从水生态系统服务功能的角度，采用目标–准则–指标层级关系框架，构建形成涵盖水资源、水环境和水生态 3 个专项指标、6 个分项指标、23 个评估指标的水生态承载力指标体系，采用指标综合评价法，通过指标赋分和逐级加权对水生态承载状态开展评估。依据水生态承载力评估指标赋分结果，识别评估区水生态承载力主要影响指标。本技术适用于以淡水生态系统为主导的流域或行政区域范围，不适用于海湾、咸水湖、河口等区域。

（2）技术原理

从水生态系统性和服务功能完整性角度出发，辨析统一了水生态承载力概念：在一定发展阶段，一定技术水平条件下，某空间范围内的水生态系统在维持自身结构和功能长期稳定、水生态过程可持续运转的基础上，具有的为人类社会活动提供生态产品和服务的能力。基于水生态承载力概念，从水资源、水环境和水生态三大维度解析水生态承载力内涵。其中，水资源服务面向人类社会生产生活用水需求，涉及水资源禀赋和水资源利用相关要素；水环境服务面向经济社会点面源污染排放需求，涉及水环境纳污与水环境净化相关要素；水生态服务面向人类社会的生态产品或服务需求，涉及水生生境、水生生物相关要素。围绕上述水生态承载力内涵，水生态承载力的评价指标应该涉及水资源、水环境和水生态三个方面的评价指标。

承载力指标框架采用多层级形式，主要可分为压力-状态-响应框架、目标-准则-指标层级关系框架。压力-状态-响应框架可考虑要素间影响关系，具有一定科学性，但缺点是多关注人类活动指标，指标涉及面广，选取和量化存在难度。而目标-准则-指标层级关系框架形式简单，框架准则层类型易于界定，指标分类和选择清晰明确，具有普适性，但缺点是准则层指标未体现要素间的相互影响关系。综合考虑这两种指标框架的解释度和实用性，选择目标-准则-指标层级关系框架建立水生态承载力指标体系。

水生态承载力评估诊断技术采用指标综合评价法，通过指标赋分和逐级加权对水生态承载状态开展评估，并依据水生态承载力评估指标赋分结果，识别评估区水生态承载力主要影响指标。

(3) 技术工艺流程

基于水生态系统服务功能的水生态承载力评估诊断技术的工艺流程为“指标体系构建—评估指标赋分—指标加权计算—水生态承载力综合评估—等级判别”。

A. 指标体系构建

从水生态系统性和服务功能完整性角度出发，采用目标-准则-指标层级关系框架建立水生态承载力指标体系。其中，目标层变量为水生态承载力；鉴于水生态承载力的水资源、水环境和水生态内涵，准则层由水资源、水环境、水生态3个专项指标构成，分别由水资源禀赋指数、水资源利用指数、水环境纳污指数、水环境净化指数、水生生境指数、水生生物指数6个分项指标表征（表5-1）。

B. 评估指标赋分

根据评估指标实际数值和赋分标准，运用公式计算得到评估指标的分值。评估指标赋分值均在0～100。

评估指标类型分为3种，其赋分方法如下。

1）对于评价值是固定值的指标，赋值时直接取该级别的中值：

$$P\_k = (V\_k_{\mathrm{l}} + V\_k_{\mathrm{h}})/2 \tag{5-1}$$

2）对于越大越好型指标，赋值时考虑：

分段指标：

$$P\_k = V\_k_{\mathrm{l}} + (V\_k_{\mathrm{h}} - V\_k_{\mathrm{l}})/(I\_k_{\mathrm{h}} - I\_k_{\mathrm{l}}) \times (I\_k - I\_k_{\mathrm{l}}), I\_k \in (I\_k_{\mathrm{l}}, I\_k_{\mathrm{h}}] \tag{5-2}$$

无上限指标：

$$P\_k = 80 + (I\_k - I\_k_1)/I\_k_1 \times 10, I\_k \in (I\_k_1, +\infty) \tag{5-3}$$

当 $P\_k > 100$ 时，取 100 作为 P_k 值。

3）对于越小越好型指标，赋值时考虑：

分段指标：

$$P\_k = V\_k_1 + (V\_k_h - V\_k_1)/(I\_k_h - I\_k_1) \times (I\_k_h - I\_k), I\_k \in (I\_k_1, I\_k_h] \tag{5-4}$$

无上限指标：

$$P\_k = 20 - (I\_k - I\_k_1)/I\_k_1 \times 10, I\_k \in (I\_k_1, +\infty) \tag{5-5}$$

当 $P\_k < 0$ 时，取 0 作为 P_k 值。

式中，P_k 代表评估指标 k 的分值；V_k_1 为评估指标 k 所在类别标准下限分值；V_k_h 为评估指标 k 所在类别标准上限分值；I_k 为评估指标 k 原始数据；I_k_1 为原始数据 I_k 所在分级的下限；I_k_h 为原始数据 I_k 所在分级的上限。

C. 指标加权计算

指标加权计算采用“自下而上”加权的方式，从评估指标向分项指标和专项指标逐级评估。计算方法步骤如下。

根据单个评估指标赋分值，使用加权求和法分别计算得到相应各分项指标值。计算公式为

$$F_{ij} = \sum_{k=1}^{n} w_{ijk} \times P_{ijk} \tag{5-6}$$

式中，F_{ij} 为第 i 个专项指标的第 j 个分项指标的分值；w_{ijk} 为第 i 个专项指标的第 j 个分项指标中第 k 个评估指标的权重；P_{ijk} 为第 i 个专项指标的第 j 个分项指标中第 k 个评估指标的分值；n 为第 j 个分项指标中评估指标的个数。

根据各分项指标分值计算结果，进一步使用加权求和法计算准则层各专项指标的分值。计算公式为

$$Z_i = \sum_{j=1}^{m} w_{ij} \times F_{ij} \tag{5-7}$$

式中，Z_i 为第 i 个专项指标的分值；w_{ij} 为第 i 个专项指标的第 j 个分项指标的权重；m 为第 i 个专项指标下涉及分项指标个数。

D. 水生态承载力综合评估

根据各专项指标分值计算结果，进一步计算水生态承载力状态综合评分值。计算公式为

表 5-1　水生态承载力评估推荐指标及权重

专项指标	分项指标	权重	评估指标		计算方法	权重
水资源（A）	水资源禀赋指数（A1）	0.5	人均水资源量（A1-1）		评估区内所拥有的水资源总量与评估区人口总量的比值	1
	水资源利用指数（A2）	0.5	万元 GDP 用水量（A2-1）		评估区用水总量与万元 GDP 之比	0.3
			水资源开发利用率（A2-2）		评估区用水总量与流域多年平均水资源量之比	0.2
			用水总量控制红线达标率（A2-3）		评估区所涉辖区用水总量控制达标县（市）与辖区县（市）总数之比	0.5
水环境（B）	水环境纳污指数（B1）	0.4	工业污染强度指数（B1-1）	工业 COD 排放强度（B1-1-1）	工业 COD 排放量与工业增加值之比	0.1
				工业氨氮排放强度（B1-1-2）	工业氨氮排放量与工业增加值之比	0.1
				工业总氮排放强度（B1-1-3）	工业总氮排放量与工业增加值之比	0.1
				工业总磷排放强度（B1-1-4）	工业总磷排放量与工业增加值之比	0.1
			农业污染强度指数（B1-2）	单位耕地面积化肥施用量（B1-2-1）	评估区内化肥施用总量（折纯）与评估区耕地面积之比	0.15
				单位土地面积畜禽养殖量（B1-2-2）	评估区内畜禽养殖数量与评估区土地面积之比	0.15
			生活污染强度指数（B1-3）	城镇生活污水 COD 排放强度（B1-3-1）	城镇生活污水 COD 排放量与第三产业增加值之比	0.075
				城镇生活污水氨氮排放强度（B1-3-2）	城镇生活污水氨氮排放量与第三产业增加值之比	0.075
				城镇生活污水总氮排放强度（B1-3-3）	城镇生活污水总氮排放量与第三产业增加值之比	0.075
				城镇生活污水总磷排放强度（B1-3-4）	城镇生活污水总磷排放量与第三产业增加值之比	0.075
	水环境净化指数（B2）	0.6	水环境质量指数（B2-1）		不达考核目标的监测次数与监测总次数之比	0.5
			集中式饮用水水源地水质达标率（B2-2）		评估区集中式饮用水源地的水质监测中，达到或优于《地表水环境质量标准》的Ⅲ类水质标准的监测次数与全年监测总次数之比	0.5
水生态（C）	水生生境指数（C1）	0.5	河湖岸带植被覆盖度（C1-1）		河湖岸带植被面积占总河湖岸带面积线的比例	0.2/0.25/0.25
			水域面积指数（C1-2）		水域面积与区域总面积之比	0.1/0.2/0.3
			河流连通性（C1-3）		100-100×（闸坝个数/河段长度）	0.2/0.1/0.1

续表

专项指标	分项指标	权重	评估指标	计算方法	权重
水生态（C）	水生生境指数（C1）	0.5	生态基流保障率（C1-4）	$\frac{1}{12}\sum_{m=1}^{12}\frac{Q_m}{W_{Eb}}\times 100\%$ 式中，Q_m 为基准年第 m 个月实际流量；W_{Eb} 为最小生态基流流量（m^3），可利用 Tennant 法计算： W_{Eb} = 近 10 年年均流量 × 10%	0.3/0.2/0.1
	水生生物指数（C2）	0.5	鱼类完整性指数（C2-1）	$C2\text{-}1=\frac{\text{物种数 BI 值}+\text{耐污类群相对丰度 BI 值}+\text{BP 指数 BI 值}}{3}$ 式中，物种数属于随干扰增强而下降的指标；耐污类群相对丰度和 BP 指数属于随干扰增强而上升的指标	0.4
			藻类完整性指数（C2-2）	$C2\text{-}2=\frac{\text{固着藻类密度 BI 值}+\text{总分类单元数 BI 值}+\text{BP 指数 BI 值}}{3}$ 式中，固着藻类密度和总分类单元数属于随干扰增强而下降的指标；BP 指数属于随干扰增强而上升的指标	0.25
			大型底栖动物完整性指数（C2-3）	$C2\text{-}3=\frac{\text{总分类单元数 BI 值}+\text{BMWP 指数 BI 值}+\text{BP 指数 BI 值}}{3}$ 式中，总分类单元数和 BMWP 指数属于随干扰增强而下降的指标；BP 指数属于随干扰增强而上升的指标	0.35

注：水生生境指数的评估指标权重分山区河流、高原与平原区河流、河口三类。下降类型指标 BI 值 = $\frac{\text{样点观测值}-\text{样点观测值的 5\% 分位数}}{\text{样点观测值的 95\% 分位数}-\text{样点观测值的 5\% 分位数}}\times 100$；式中，下降类型指标 BI 值在 0 ~ 100，> 100 时下降类型指标 BI 值视为 100 处理，< 0 时下降类型指标 BI 值视为 0 处理。上升类型指标 BI 值 = $\frac{\text{样点观测值的 95\% 分位数}-\text{样点观测值}}{\text{样点观测值的 95\% 分位数}-\text{样点观测值的 5\% 分位数}}\times 100$；式中，上升类型指标 BI 值在 0 ~ 100，>100 时上升类型指标 BI 值视为 100 处理，<0 时上升类型指标 BI 值视为 0 处理。

$$\mathrm{HECC}=\frac{\sum_{i=1}^{4} Z_i}{4} \tag{5-8}$$

式中，HECC 为评估区水生态承载力状态综合评分值。

E. 等级判别

依据表 5-2 水生态承载状态分类标准，考虑水环境质量达标情况和 HECC 值判别评估区水生态承载状态（如水环境质量不达标则一票否决，认为呈超载状态），评判方法如下：

$$\text{水生态承载状态}=\begin{cases}\text{超载} & (\mathrm{HECC}>40\text{ 且 }\mathrm{B2\text{-}1}<90\%)\\ \text{按分类标准判别} & (\text{其他情况})\end{cases} \tag{5-9}$$

表 5-2　水生态承载状态分类标准

HECC 得分	0 ~ 20	20 ~ 40	40 ~ 60	60 ~ 80	80 ~ 100
承载状态	严重超载	超载	临界超载	安全承载	最佳承载

（4）核心技术方法和参数

A. 基于水生态服务功能的指标体系构建方法

基于水生态承载力概念、内涵以及水生态服务功能供求关系，构建了水生态承载力评估指标体系框架，涵盖目标层–准则层–指标层。水生态承载力为目标层，准则层则包括水资源、水环境和水生态 3 项专项指标。指标层则由水资源禀赋指数、水资源利用指数、水环境纳污指数、水环境净化指数、水生生境指数、水生生物指数 6 个分项指标以及 23 个评估指标表征。

B. 评估指标等级与赋分标准的确定方法

a. 水资源

1）评估指标等级与赋分标准见表 5-3。

表 5-3　水资源评估指标等级与赋分标准

评估指标	单位	指标等级与赋分				
		一级	二级	三级	四级	五级
		80 ~ 100 分	60 ~ 80 分	40 ~ 60 分	20 ~ 40 分	0 ~ 20 分
人均水资源量	m^3/人	>3000	2000 ~ 3000	2000 ~ 1000	1000 ~ 500	<500
万元 GDP 用水量	m^3/万元	<20	20 ~ 80	80 ~ 140	140 ~ 200	>200
水资源开发利用率	%	<10	10 ~ 20	20 ~ 30	30 ~ 40	≥40
用水总量控制红线达标率	%	>90	80 ~ 90	70 ~ 80	50 ~ 70	<50

2）评估指标等级划分的依据如下。

人均水资源量：参考国际公认标准。

万元 GDP 用水量：专家咨询。

水资源开发利用率：《流域生态健康评估技术指南》。

用水总量控制红线达标率：参看张盛等（2017）的相关论述。

b. 水环境

1）评估指标等级与赋分标准见表 5-4。

表 5-4 水环境评估指标等级与赋分标准

评估指标	单位	指标等级与赋分				
		一级	二级	三级	四级	五级
		80～100 分	60～80 分	40～60 分	20～40 分	0～20 分
工业 COD 排放强度	kg/万元	≤1	1～2	2～3	3～4	≥4
工业氨氮排放强度	kg/万元	<0.1	0.1～0.2	0.2～0.3	0.3～0.4	>0.4
工业总氮排放强度	kg/万元	<0.15	0.15～0.3	0.3～0.45	0.45～0.6	>0.6
工业总磷排放强度	kg/万元	<0.05	0.05～0.1	0.1～0.15	0.15～0.2	>0.2
单位耕地面积化肥施用量	kg/hm^2	<400	400～500	500～600	600～700	>700（1000）
单位土地面积畜禽养殖量	头/km^2	<200	200～250	250～300	300～350	>350（500）
城镇生活污水 COD 排放强度	kg/万元	≤1.5	1.5～3	3～4.5	4.5～6	≥6
城镇生活污水氨氮排放强度	kg/万元	≤0.2	0.2～0.3	0.3～0.4	0.5～0.6	≥0.6
城镇生活污水总氮排放强度	kg/万元	≤0.25	0.25～0.5	0.5～0.75	0.75～1	≥1
城镇生活污水总磷排放强度	kg/万元	≤0.05	0.05～0.15	0.15～0.25	0.25～0.35	≥0.35
水环境质量指数	%	100	95～100	90～95	85～90	<85

注：括号内数值表示当指标大于或等于括号内数值时赋分为 0。

2）评估指标等级划分的参考依据。

工业 COD 排放强度：《污水综合排放标准》（GB 8978—1996）。

工业氨氮排放强度：《污水综合排放标准》（GB 8978—1996）。

工业总氮排放强度：《污水综合排放标准》（GB 8978—1996）。

工业总磷排放强度：《污水综合排放标准》（GB 8978—1996）。

单位耕地面积化肥施用量：《湖泊生态安全调查与评估技术指南》。

单位土地面积畜禽养殖量：《湖泊生态安全调查与评估技术指南》。

城镇生活污水 COD 排放强度：《污水综合排放标准》（GB 8978—1996）。

城镇生活污水氨氮排放强度：《污水综合排放标准》（GB 8978—1996）。

城镇生活污水总氮排放强度：《污水综合排放标准》（GB 8978—1996）。

城镇生活污水总磷排放强度：《污水综合排放标准》（GB 8978—1996）。

水环境质量指数：专家咨询。

c. 水生态

1）评估指标等级与赋分标准见表 5-5。

表 5-5　水生态评估指标等级与赋分标准

指标	单位	指标等级与赋分				
		一级 80～100 分	二级 60～80 分	三级 40～60 分	四级 20～40 分	五级 0～20 分
滨湖岸带植被覆盖率	%	>80	60～80	40～60	20～40	<20
水域面积指数	—	>0.5	0.3～0.4	0.2～0.3	0.1～0.2	<0.1
河流连通性	—	>100	80～90	70～80	60～70	≤60
生态基流保障率	%	100	90～100	80～90	70～80	<70
鱼类完整性指数	—	以各生物类群完整性指标数值的 95% 分位数作为一级和二级间的临界值，以 5% 分位数作为四级和五级间的临界值；将 95% 分位数和 5% 分位数之间范围进行三等分，以确定其他相邻级别间的临界值				
藻类完整性指数	—					
大型底栖动物完整性指数	—					

2）评估指标等级划分的参考依据。

生态基流满足率：参看郭维东等（2013）的相关论述。

河流连通性：参看熊文等（2010）的论述。

河湖岸带植被覆盖度：参看王惠（2008）的论述。

藻类完整性指数：专家咨询。

大型底栖动物完整性指数：专家咨询。

鱼类完整性指数：专家咨询。

（5）技术创新点及主要技术经济指标

本技术的指标框架基于水生态系统服务功能完整性理论建立，体现了水生态系统-经济社会复合系统承载关系、生态文明科学内涵，并且指标体系涵盖“三水”指标，层级关系清晰明了，可全面支撑区域水生态环境问题诊断，具有系统性和实用性。针对水生态承载力专项指标和分项指标，均可依据分类和相应得分判别各自承载状态等级以及综合水生态承载力等级，便于诊断出超载因子，为流域管理措施的提出提供支撑。

（6）实际应用案例

以滦河流域为典型区开展基于水生态系统服务功能的指标构建技术的推广应用与指标贡献定量分析。滦河（包括冀东诸河）位于华北平原东北部（115°30′E～119°45′E，39°10′N～42°40′N），是海河流域四大水系之一，发源于河北巴彦古尔图山北麓，向东南流经内蒙古、河北和辽宁后，于河北乐亭县汇入渤海，全长 888km。滦河流域面积为 54 580km^2，北部地势较高，南部地势较低，其次是高原，山地和平原地貌，其中高原山脉面积占流域总面积的 86%；流域年均降水量为 400～700mm，多年平均径流量为 47.47 亿 m^3。依据“水十条”，将滦河流域划分成 30 个控制单元区，进一步综合考虑滦河流域水系分布、地理位置、功能定位等特点，将地理区位相近、生态环境相似、服务功能相同的控制单元合并，最终形成 9 个水生态承载力评估基本单元。

根据水生态承载力评估推荐指标及权重、优化调整原则和方法，以及滦河流域的特征，构建滦河流域水生态承载力“专项–分项–评估”三级指标体系，如表 5-6 所示。

表 5-6　滦河流域水生态承载力指标体系及其赋权

专项指标	分项指标	权重	评估指标		权重
水资源（A）	水资源禀赋指数（A1）	0.500	人均水资源量（A11）		1.000
	水资源利用指数（A2）	0.500	水资源开发利用率（A21）		1.000
水环境（B）	水环境纳污指数（B1）	0.400	农业污染强度指数（B11）	单位耕地面积化肥施用量（B111）★	0.186
				单位耕地面积畜禽养殖量（B112）★	0.200
				单位耕地面积农药使用量（B113）★	0.220
			城镇污染强度指数（B12）	单位土地面积 COD 排放量（B121）★	0.197
				单位土地面积 NH_3-N 排放量（B122）★	0.197
	水环境净化指数（B2）	0.600	水环境质量指数（B21）	水质综合得分（B211）	1.000
			集中式饮用水水源地水质达标率（B22）		0.5
水生态（C）	水生生境指数（C1）	0.500	河岸带林草覆盖率（C11）★		0.165
			自然岸线比例（C12）★		0.174
			湿地面积占总面积比例（C13）★		0.216
			河流连通性（C14）★		0.167
			年生态基流满足率 4～9 月/10 月至次年 3 月（C15）★		0.119/0.159
	水生生物指数（C2）	0.500	鱼类完整性指数（C21）★		0.303
			浮游藻类完整性指数（C22）★		0.355
			大型底栖动物完整性指数（C23）★		0.342

★的评估指标采用主成分分析法赋权，其他指标采用主观赋权。

滦河流域水生态承载力各评估指标对 HECC 的平均贡献量为22.8分。其中，贡献量最大的评估指标为集中式饮用水水源地水质达标率（累计贡献104.8分），其次是水质综合得分（累计贡献77.3分）；其他评估指标贡献量明显偏低。综合计算各分项指标贡献率，用水安全指数贡献率最高，为24.2%；其次是水环境净化指数，贡献率为17.9%；水环境纳污指数、水生生物指数和水生生境指数对流域 HECC 的贡献率相对较低，分别为14.0%、13.2%和12.4%；水资源禀赋指数、调蓄安全指数和水资源利用指数对流域 HECC 的贡献率明显低于分项指标平均水平（12.5%），分别仅为6.4%、6.4%和5.5%。各专项指标的 HECC 综合贡献率排序为水环境（31.9%）>水安全（30.6%）>水生态（25.6%）>水资源（11.9%）。总之，滦河流域水环境净化和水安全保障功能较好，维持了流域水生态承载力，而水资源禀赋、水资源开发利用是制约流域水生态承载力的关键因素。同时，水环境纳污、水生生境、水生生物完整性、水文调节功能等表现不佳，限制了滦河水生态承载力的提升。

5.2.2 流域水生态承载力动态模拟评估模型（WECC-SDM）

（1）模型简介

系统动力学是麻省理工学院 J. W. Forrester 教授提出的一门分析和研究信息反馈系统的学科。系统动力学基于系统论，吸收控制论、信息论的精髓，最为突出的优点在于它能处理复杂时变的系统问题。系统动力学在社会经济系统、资源环境系统的相关研究中已有广泛应用。

WECC-SDM 是根据水生态承载力评估系统分析、技术路径，基于 Vensim DSS Version 6.1c Development Tool（Ventana Systems Inc., Harvard, MA, USA）开发的一个综合集成的系统动力学模型。WECC-SDM 关注的核心内容是在一定的社会经济发展模式下对水生态压力与支持力承压关系的定量模拟和动态评估。所谓动态评估是相对静态评价而言，一方面是指 WECC-SDM 中的主要影响因子随时间发展而演变；另一方面是指主要影响因子之间本身也存在着相互作用，WECC-SDM 能够对这些演变规律进行描述和评估。

WECC-SDM 对水生态承载力评估建立在对复合水生态系统主要耦合关系的系统模拟基础之上，可以实现系统处于均衡状态下反馈回路的求解问题。从整体上模拟人口、经济、土地利用、用水强度、排污强度等因素的动态变化特征，最终基于承压关系反馈到人口、经济和发展模式，从而实现水生态承载力定量评估。该模型还可以实现在对历史数据、规划数据、管理决策、政策法规和技术标准等各种资源和信息整合基础上的情景分析，确定合理的发展模式，为提出有针对性的改善措施提供依据。该模型适用于我国境内流域水生态承载力评估、产业结构和布局优化调控。

（2）模型原理

WECC-SDM包含6个子模块，即人口和经济子模块、水资源子模块、水环境子模块、土地利用子模块、水生态子模块和承压分析与模拟调控子模块。模型评估和模拟的主线是水生态系统健康需求–水生态支持力约束关系、社会经济驱动力–水生态压力响应关系和水生态压力–支持力承压关系三个主要作用关系。水生态子模块的功能是根据问题诊断识别主要承压因子，确定约束关系，作为计算水生态支持力的输入；人口和经济子模块输出驱动力因素，结合响应关系，一同作为计算水生态压力的输入；中间3个子模块作用是承接载体，计算并输出水生态支持力和压力；最后基于承压关系利用承压分析与模拟调控子模块，通过动态模拟输出评估结果。

（3）模型框架

WECC-SDM结构框架及主要输入输出关系简化示意如图5-2所示。

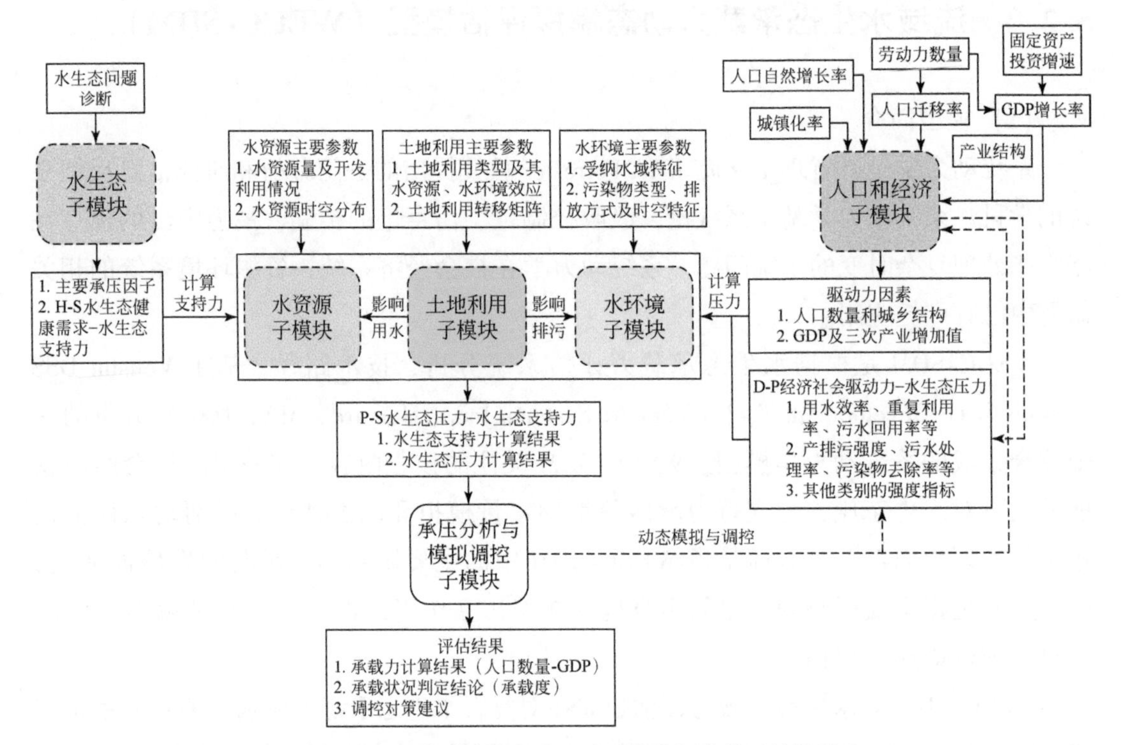

图5-2　基于系统动力学的水生态承载力评估模型结构示意

WECC-SDM各子模块的主要任务以及应用到的模型和方法见表5-7。

表 5-7　WECC-SDM 模型子模块任务及主要模型方法

序号	子模块	任务与功能	主要模型方法
1	水生态子模块	进行水生态问题诊断，识别主要承压因子；确定水生态健康约束具体阈值，作为计算支持力的输入条件	水生态问题诊断方法，河流生态需水量计算方法，水生生物水质基准研究方法
2	人口和经济子模块	计算和模拟人口数量及城乡结构；计算和模拟经济规模及内部结构	人口增长模型，主要指标包括人口自然增长率、人口迁移率和城镇化率。生产函数法，主要指标包括劳动生产率、固定资本存量变化率、三次产业比例
3	水资源子模块	计算水资源可利用量；计算和模拟社会经济用水量	水资源可利用量计算方法；社会经济用水量模拟方法，如用水定额法、表函数法等
4	水环境子模块	计算水环境容量；计算和模拟首要污染因子负荷	水质模型，基于生物安全的设计水文条件；污染负荷模拟方法，如源强系数法、表函数法等
5	土地利用子模块	模拟土地利用类型变化趋势及其对承压关系的影响	土地利用转移矩阵，不同土地利用类型的水资源、水环境效应研究方法
6	承压分析与模拟调控子模块	围绕主要承压关系计算承载度和承载力大小，进行动态模拟和调控	水生态承载力计算方法，承载状况判定方法、模拟与调控方法

A. 水生态子模块

在 WECC-SDM 中，水生态子模块的任务是通过水生态问题诊断与分析，识别主要承压因子，确定水生态系统的健康需求和保护目标，即维持水生态系统物理、化学和生物完整性的主要影响因素，确定这些因素的允许阈值或最低保护要求，作为水生态支持力计算的约束条件。

B. 人口和经济子模块

a. 人口模型

影响人口数量和城乡结构变化的主要因素可以归结为以下几个指标：人口自然增长率（人口出生率与人口死亡率之差）、人口迁移率和城镇化率等。计算公式如下

$$\mathrm{POP}_{t+1}=\mathrm{POP}_t\times(1+\mathrm{PRB}-\mathrm{PRD}+\mathrm{PRI}) \tag{5-10}$$

$$\mathrm{POP}_{\mathrm{u}}=\mathrm{POP}\times\mathrm{UR} \tag{5-11}$$

$$\mathrm{POP}_{\mathrm{r}}=\mathrm{POP}\times(1-\mathrm{UR}) \tag{5-12}$$

式中，POP_t 和 POP_{t+1} 分别为 t 年和 $t+1$ 年的人口数量；PRB 为人口出生率；PRD 为人口死亡率；PRI 为人口迁移率；$\mathrm{POP}_{\mathrm{u}}$ 和 $\mathrm{POP}_{\mathrm{r}}$ 分别为城镇人口数量和农村人口数量；UR 为

城镇化率。在 WECC-SDM 中利用积分函数（INTEG）进行人口数量的计算和模拟。

人口出生率、人口死亡率和城镇化率等指标可以通过趋势外推模型、人口增长率预测模型、人口离散预测模型、回归方法、人口政策和政府目标、灰色系统模型等方法预测，也可以根据社会发展阶段通过经验数据推测得到。迁移人口的预测主要建立在劳动力供需平衡分析的基础上，主要受经济发展速度和发展模式影响。

b. 经济模型

GDP 模拟常用的方法主要有生产函数法、统计学模型、趋势外推模型、经济增长率预测模型、回归方法、政府目标预测、灰色系统模型、复杂经济学模型和情景分析法等，主要采用生产函数法、经济增长率预测模型等方法进行经济模拟。

在工业化发展阶段，GDP 的增长与固定资产投资和劳动力的增长密切相关。柯布−道格拉斯（Cobb-Douglas）生产函数把经济增长的因素分解为劳动力、固定资本存量和“其他因素”（也称为“技术进步因素”或全要素生产率的增长），是一种可以用来预测国家或地区工业化经济发展的数学模型。计算公式如下：

$$\hat{Y}_t = \frac{c + b_L\left(\frac{GL_{t-1}}{GL_t} - 1\right) + b_k \hat{K}_t}{1 - b_L \times \frac{GL_{t-1}}{GL_t}} \tag{5-13}$$

式中，^ 表示增长率；Y_t 表示 GDP；c 表示随机干扰的影响，也可以理解为受劳动力素质、科技水平影响系数；b_L 表示劳动力产出弹性系数；b_k 是资本产出弹性系数；K_t 表示固定资本存量；GL_t为 t 年劳均 GDP。

首先根据多年历史数据利用优化求解的方法得到 c 、b_L 和 b_k 三个参数值，然后通过输入 GL_t 和 K_t 的预测值来模拟 GDP 增长率，并利用近年数据进行校核。固定资本存量的测算目前普遍采用的方法是 Goldsmith 提出的永续盘存法，利用该方法资本存量的估算公式如下：

$$K_t = K_{t-1}(1 - \delta_{it}) + I_t \tag{5-14}$$

式中，K_t 为 t 年的资本存量；I_t 为 t 年的投资；δ_{it} 为经济折旧率。

按照三次产业分类法，GDP 可分为第一产业（农林牧渔业）、第二产业（工业和建筑业）以及第三产业，根据产业结构比例计算各产业的增加值。

C. 水资源子模块

在 WECC-SDM 中，水资源子模块的主要任务是计算水资源可利用量，模拟社会经济用水量。

a. 水资源可利用量

在独立流域或控制节点的水资源规划和管理中，计算水资源可利用量常用的方法主要是计算地表水资源可利用量和浅层地下水资源可开采量，然后利用两者之和减去两者之间重复量即可得到水资源可利用量的计算结果，计算方法为

$$W_a = W_{sa} + W_{ga} - W_{ra} \tag{5-15}$$

式中，W_a为水资源可利用量；W_{sa}为地表水资源可利用量；W_{ga}为地下水资源可开采量；W_{ra}为水资源可利用量重复计算量。

地表水资源可利用量采用倒扣计算法，原理是认为地表水资源量包含不允许被利用的水量和不能够被利用的水量，地表水资源量扣除这两项即地表水资源可利用量。不允许被利用的水量是指为避免水生态环境遭到破坏必须保证的河流生态需水量；而不能够被利用的水量是指受自然条件、技术水平、用水特征等因素限制，无法实现有效利用的水量，主要为汛期无法利用的洪水（即汛期弃水量）。

地下水资源可开采量是指在技术经济可行、不引起生态环境恶化的前提下浅层地下水资源最大可开采量，采用可开采系数法计算地下水资源可开采量。

水资源可利用量重复计算量主要是浅层地下水渠系渗漏和渠灌入渗补给量的可开采利用部分，采用系数法进行估算。对于较大的空间尺度，受自然条件、技术经济等因素影响，很难得到水资源可利用量的精确值，这种情况下可通过水资源开发利用率阈值来估算水资源可利用量。国际上一般认为河流水资源合理的开发利用阈值不能超过水资源总量的40%。

b. 社会经济用水量

用水量按生活、工业、农业和生态环境四类进行统计和计算。生活用水包含城镇生活用水和农村生活用水，其中城镇生活用水由城镇居民用水和公共用水（第三产业、建筑业用水等）组成；农村生活用水除农村居民生活用水外，还包含牲畜用水。工业用水按新水取用量计，不含工厂内重复利用水量。农业用水分为农田灌溉、林草地灌溉及水产养殖塘补水。生态环境用水主要为城镇生态环卫用水以及部分湿地、河湖补水。

用水量数据获取方法主要有统计法、调查法、强度法和定额法。本研究采用强度法（生产用水）和定额法（生活用水、灌溉用水等）进行用水量的计算与模拟。各类用户的用水强度和用水定额可以根据相关历史数据结合社会经济发展水平采用表函数的方法确定。

D. 水环境子模块

a. 水环境容量

本研究推荐采用一维稳态水质模型计算水环境容量。主要过程如下：水域概化、基础资料调查与收集、选择控制点（或边界）、建立水质模型并选定各项参数、容量

计算与分析、环境容量核定。假定排入河流中的污染物能够在较短时间内在河流断面均匀混合，则在稳态（或准稳态）状态下，一维水质学模型计算公式为

$$C_x = C_0 \exp\left(-K\frac{x}{u}\right) \tag{5-16}$$

式中，C_x 为流经 x 距离后的污染物浓度（mg/L）；C_0 为计算河段上游来水的污染物浓度（mg/L）；x 为控制断面与边界的沿程距离（m）；u 为断面平均流速（m/s）；K 为污染物综合衰减系数（1/d）。

b. 首要污染因子污染负荷

关于首要污染因子污染负荷的核定，可采用污染源普查、环境统计、源强系数法、模型模拟或实测等方法获取数据。本研究推荐采用源强系数法计算和模拟首要污染因子的污染负荷。

从污染物来源看，主要包含生活源、工业源和农业源，污染物产生的驱动力因素可进一步细分为城镇生活（含第三产业和建筑业）、农村生活、工业、种植业、畜禽养殖、水产养殖等生产和生活过程。源强系数与产排污强度、污水收集处理率、污染物去除率等因子有关，通过这些因子建立起驱动力因素与污染物排放压力之间的响应关系，进一步计算污染负荷及其来源结构，最后结合研究区域实际情况和各类污染源的排放特征，估算污染物入河量。源强系数相关参数的确定方法主要有趋势外推模型，政府管理目标，参考已发布的相关标准、规范或规划，引用相关文献的研究成果，参照其他流域、区域或国家的指标数值。

E. 土地利用子模块

在 WECC-SDM 中，土地利用子模块主要考虑不同土地利用类型的面积变化情况，并据此分析土地利用变化对水资源供需关系和污染物排容关系的影响。滩涂水域等与水生态系统直接相关的土地类型的变化将直接改变河岸带、河道和水生生物栖息地的质量，影响水生态系统的生态完整性，但其中影响关系的定量表达和数据获取存在困难和不确定性，这部分影响以定性分析为主。

F. 承压分析与模拟调控子模块

a. 承载状况判定

根据水生态承载力评估技术路径，以主要压力因子（P_i）和与之对应的支持力因子（S_i）两者的比值作为衡量水生态承载力具体承载状况的指标（简称水生态承载度），P_i 和 S_i 对应的承载度计算公式如下：

$$\mathrm{CCD}_i = \frac{P_i}{S_i} \tag{5-17}$$

根据短板效应取分项承载度中的最大值作为最终结果，计算公式如下：

$$\mathrm{CCD}=\max\ (\mathrm{CCD}_i)\quad (1\leqslant i\leqslant n) \tag{5-18}$$

式中，CCD 为水生态承载度；n 为主要因子个数。当 CCD<1 时，为可承载状态；当 CCD=1 时，为预警状态；当 CCD>1 时，为超载状态。

b. 水生态承载力计算

人口和 GDP 是反映社会经济规模的两个最重要的指标，当压力与支持力相等时（$P=S$ 时，超载与不超载的临界点），此时的社会经济规模即该发展模式下的流域水生态承载力。流域水生态承载力可以表示为

$$\mathrm{WECC}=社会经济规模\ (人口，\mathrm{GDP})\ |_{P=S} \tag{5-19}$$

式中，WECC 为水生态承载力；P 和 S 分别为首要压力因子及其对应的支持力因子。

水生态承载力计算的目的就是得到 $P=S$ 时的社会经济规模，即通过求解式（5-20）得到人口和 GDP 数值：

$$P=f(人口，经济，\mathrm{D\text{-}P}\ 响应关系)=S \tag{5-20}$$

根据水生态压力因子和支持力因子识别，用水量–水资源可利用量和污染物入河量–水环境容量是主要的两对承压作用因子，故采用如下的方法求解流域水生态承载力。

1）基于用水量–水资源可利用量（P_1-S_1）的承载力简化计算公式。

用水量计算公式如下：

$$P_1=W_1+W_e+W_{eo} \tag{5-21}$$

式中，P_1 为用水总量；W_1 为生活用水量；W_e 为生产用水量；W_{eo} 为生态环境用水量（河道外，主要包括城镇生态环卫用水和部分河湖、湿地补水）。

生活用水量和生产用水量可以分别按照式（5-22）和式（5-23）计算：

$$W_1=W_{lu}+W_{lr}=\mathrm{POP}\times\mathrm{UR}\times Q_{wu}+\mathrm{POP}\times(1-\mathrm{UR})\times Q_{wr} \tag{5-22}$$

$$W_e=a\times\mathrm{GDP}\times Q_{w1}+b\times\mathrm{GDP}\times Q_{w2}+c\times\mathrm{GDP}\times Q_{w3} \tag{5-23}$$

式中，W_{lu} 和 W_{lr} 分别为城镇生活用水量和农村生活用水量；POP 为人口数量；UR 为城镇化率；Q_{wu} 为城镇居民生活用水定额；Q_{wr} 为农村生活用水定额；a、b、c 分别为第一、第二和第三产业占 GDP 比例；Q_{w1}、Q_{w2} 和 Q_{w3} 分别为第一、第二和第三产业单位增加值用水量。

根据式（5-21）~式（5-23），可得

$$P_1-W_{eo}=\mathrm{POP}\times\mathrm{UR}\times Q_{wu}+\mathrm{POP}\times(1-\mathrm{UR})\times Q_{wr}+a\times\mathrm{GDP}\times Q_{w1}+b\times\mathrm{GDP}\times Q_{w2}+c\times\mathrm{GDP} \tag{5-24}$$

当用水总量等于水资源可利用量时（$P_1=S_1$），将上面几个公式联立，则可求出 S_1

所能够承载的适宜人口数量，计算公式如下：

$$\mathrm{POP}_{S_1}^{*}=\frac{S_1-W_{\mathrm{eo}}-(a\times\mathrm{GDP}\times Q_{\mathrm{w1}}+b\times\mathrm{GDP}\times Q_{\mathrm{w2}}+c\times\mathrm{GDP}\times Q_{\mathrm{w3}})}{\mathrm{UR}\times Q_{\mathrm{wu}}+(1-\mathrm{UR})\times Q_{\mathrm{wr}}} \tag{5-25}$$

式中，$\mathrm{POP}_{S_1}^{*}$ 为 S_1 所能够承载的适宜人口数量。

同理，S_1 所能够承载的适宜经济规模计算公式如下：

$$\mathrm{GDP}_{S_1}^{*}=\frac{S_1-W_{\mathrm{eo}}-[\mathrm{POP}\times\mathrm{UR}\times Q_{\mathrm{wu}}+\mathrm{POP}\times(1-\mathrm{UR})\times Q_{\mathrm{wr}}]}{a\times Q_{\mathrm{w1}}+b\times Q_{\mathrm{w2}}+c\times Q_{\mathrm{w3}}} \tag{5-26}$$

式中，$\mathrm{GDP}_{S_1}^{*}$ 为 S_1 所能够承载的适宜经济规模。

引入人均 GDP（GPC），则 GDP=POP×GPC，代入式（5-25）可得

$$\mathrm{POP}_{S_1}^{*}=\frac{S_1-W_{\mathrm{eo}}}{\mathrm{UR}\times Q_{\mathrm{wu}}+(1-\mathrm{UR})\times Q_{\mathrm{wr}}+\mathrm{GPC}\times(a\times Q_{\mathrm{w1}}+b\times Q_{\mathrm{w2}}+c\times Q_{\mathrm{w3}})} \tag{5-27}$$

由式（5-27）可知，$\mathrm{POP}_{S_1}^{*}$ 实际上是 GPC 所能够承载的一定人均 GDP 下（一定发展水平下）的人口数量，从另一个角度解释了人口数量-GDP 组合指标的内涵。

以上公式中的参数、人口数量-GDP 组合关系（或人均 GDP）确定后，即可实现公式求解，计算得到 S_1 所能够承载的适宜人口数量-GDP 组合指标。

2）基于污染物入河量-水环境容量（P_2-S_2）的承载力简化计算公式。

首先分解污染负荷（污染物入河量），计算公式如下：

$$P_2=D_1+D_{\mathrm{e}} \tag{5-28}$$

式中，P_2 为首要污染因子的污染负荷；D_1 为生活源污染负荷；D_{e} 为由生产活动带来的污染负荷。

生活源污染负荷和生产活动污染负荷可以分别按照式（5-29）和式（5-30）计算：

$$D_1=\mathrm{POP}\times\mathrm{UR}\times Q_{\mathrm{du}}\times r_{\mathrm{u}}+\mathrm{POP}\times(1-\mathrm{UR})\times Q_{\mathrm{dr}}\times r_{\mathrm{v}} \tag{5-29}$$

$$D_{\mathrm{e}}=a\times\mathrm{GDP}\times Q_{\mathrm{d1}}\times r_1+b\times\mathrm{GDP}\times Q_{\mathrm{d2}}\times r_2+c\times\mathrm{GDP}\times Q_{\mathrm{d3}}\times r_3 \tag{5-30}$$

式中，POP 为人口数量；UR 为城镇化率，Q_{du} 为城镇居民生活排污强度；Q_{dr} 为农村生活排污强度；r_{u} 和 r_{v} 分别为城镇生活源和农村生活源入河系数；a、b、c 分别为第一、第二、第三产业占 GDP 的比例；Q_{d1}、Q_{d2} 和Q_{d3} 分别为第一、第二、第三产业单位增加值污染物排放量；r_1、r_2 和r_3 分别为第一、第二、第三产业污染物入河系数。

当污染负荷等于水环境容量时（$P_2=S_2$），将上面 3 个公式联立，则可求出 S_2所能够承载的适宜人口数量，计算公式如下：

$$\mathrm{POP}_{S_2}^{*}=\frac{S_2-(a\times \mathrm{GDP}\times Q_{\mathrm{d1}}\times r_1+b\times \mathrm{GDP}\times Q_{\mathrm{d2}}\times r_2+c\times \mathrm{GDP}\times Q_{\mathrm{d3}}\times r_3)}{\mathrm{UR}\times Q_{\mathrm{du}}\times r_{\mathrm{u}}+(1-\mathrm{UR})\times Q_{\mathrm{dr}}\times r_{\mathrm{v}}} \tag{5-31}$$

式中，$\mathrm{POP}_{S_2}^{*}$为 S_2 所能够承载的适宜人口数量。

同理，S_2 所能够承载的适宜经济规模计算公式如下：

$$\mathrm{GDP}_{S_2}^{*}=\frac{S_2-[\mathrm{POP}\times \mathrm{UR}\times Q_{\mathrm{du}}\times r_{\mathrm{u}}+\mathrm{POP}\times(1-\mathrm{UR})\times Q_{\mathrm{dr}}\times r_{\mathrm{v}}]}{a\times Q_{\mathrm{d1}}\times r_1+b\times Q_{\mathrm{d2}}\times r_2+c\times Q_{\mathrm{d3}}\times r_3} \tag{5-32}$$

式中，$\mathrm{GDP}_{S_2}^{*}$为 S_2 所能够承载的适宜经济规模。

将 GDP=POP×GPC，代入式（5-31）可得

$$\mathrm{POP}_{S_2}^{*}=\frac{S_2}{\mathrm{UR}\times Q_{\mathrm{du}}\times r_{\mathrm{u}}+(1-\mathrm{UR})\times Q_{\mathrm{dr}}\times r_{\mathrm{v}}+\mathrm{GPC}\times(a\times Q_{\mathrm{d1}}\times r_1+b\times Q_{\mathrm{d2}}\times r_2+c\times Q_{\mathrm{d3}}\times r_3)} \tag{5-33}$$

同样，公式中的参数、人口数量-GDP 组合关系（或人均 GDP）确定后，即可实现公式求解，计算得到 S_2所能够承载的适宜人口数量-GDP 组合指标。

最后，采用短板效应确定水生态承载力的计算结果，即最薄弱的环节决定最终的承载能力。

（4）模型特点

WECC-SDM 是一种基于系统分析的模型组合，该模型以系统动力学为主体融入人口、经济、水资源、水环境、土地利用和水生态等方面多个模型与方法，从系统分析的角度看待人类行为与水生态系统的作用关系，借助系统动力学方法描述一条引发水生态问题产生的因果作用链，评估经济增长、人口变化与水资源、水环境、土地利用、水域生态之间的影响关系，能够从整体上模拟水生态系统中影响水生态承载力多种因素的变化，并能够表达主要因素之间的耦合作用关系，最终基于承压关系反馈到人口、经济发展模式，从而实现水生态承载力定量评估。WECC-SDM 应用在水生态承载力评估具有以下优势：

1）基于 WECC-SDM 的水生态承载力评估建立在对复合水生态系统主要耦合关系的系统模拟基础之上，可以实现系统处于均衡状态下反馈回路的求解问题，并且符合水生态承载力的内涵、特征及其评估原则。

2）WECC-SDM 以复合水生态系统承压作用分析与模拟为主线，通过水生态问题诊断识别复合系统中的主要矛盾和关键问题，直接聚焦承压关系的薄弱环节，能够提高水生态承载力评估的针对性和有效性。

3）WECC-SDM 与情景分析法有机结合可以实现水生态承载力的动态评估和优化

调控。评估过程中可以设计不同的发展情景，将历史数据、规划数据、管理决策、政策法规和技术标准等各种资料与信息结合起来通过WECC-SDM进行情景分析，确定合理的发展模式和有针对性的改善措施。

4）基于系统仿真和数学耦合模型方法，WECC-SDM建立在具体的数学方程基础上，又具备翔实的参数估计和模型检验方法，在实现水生态承载力定量评估的同时能够在一定程度上减少研究的不确定性，提高评估结果的合理性和实用性。

（5）实际应用案例

本技术成果以辽河流域铁岭市、太湖流域常州市为研发和应用示范区，为两市地方政府编制经济社会发展和环境保护“十三五”规划提供了技术支撑。

1）铁岭市：①铁岭市主要水生态支持力因子为水资源可利用量（S_1）和氨氮水环境容量（S_2）。水资源可利用量与社会经济用总水量形成一组承压关系（P_1-S_1），氨氮水环境容量与氨氮入河量构成另一组承压关系（P_2-S_2）。②铁岭市社会经济用水量和氨氮入河量均超过允许值，分别超出6%和52%。采用短板效应取分项中的最大值作为最终结果，铁岭市水生态承载度为1.52，承载状况现状判定结果为超载。③铁岭市水生态承载力呈现出显著的时变特征，总体变化趋势是随社会经济发展水平的提高而增强，2030年适宜承载的人口数量和GDP分别达到基准年适宜承载值的1.4倍和3.6倍。

2）常州市：①常州市主要水生态支持力因子为水资源可利用量（S_1）和COD水环境容量（S_2）。水资源可利用量与社会经济用总水量形成一组承压关系（P_1-S_1），COD水环境容量与氨氮入河量构成另一组承压关系（P_2-S_2）。②常州市社会经济用水量和COD入河量均超过允许值，分别超出6%和20%。常州市水生态承载度为1.20，承载状况现状判定结果为超载。③常州市2025年超载趋势加重，到2050年水环境承载力处于可承载状态。从空间格局上分析，存在整体超载，但局部可承载的情况，同时2050年总体水环境承载力可承载情况下，存在局部空间单元不同程度的超载情况。

5.2.3 基于“增容-减排”的水生态承载力系统模拟模型（HECCER）

（1）模型简介

HECCER模型是用于水生态承载力动态评估与调控的概念模型。考虑水生态系统对人类社会活动的承载关系，水生态承载力状态不仅受到产业经济发展、土地利用等人类活动压力的影响，水生态系统自身抗干扰的“容量”增加对承载力改善具有重要作用。该模型从“污染减排”和“生态增容”两方面，基于系统动力学、流域过程模拟、计算机程序设计等技术方法，耦合建立 HECCER 模型。模型在调控空间范围社会经济近远期发展模式情景下，采用情景优化、数值模拟等技术方法，开展兼顾“减排”“增容”的综合调控情景优化，评估水生态承载力调控目标可达性和成本效益，以此优选制定水生态承载力调控方案，为流域/区域水生态环境管控提供科学依据（图 5-3）。

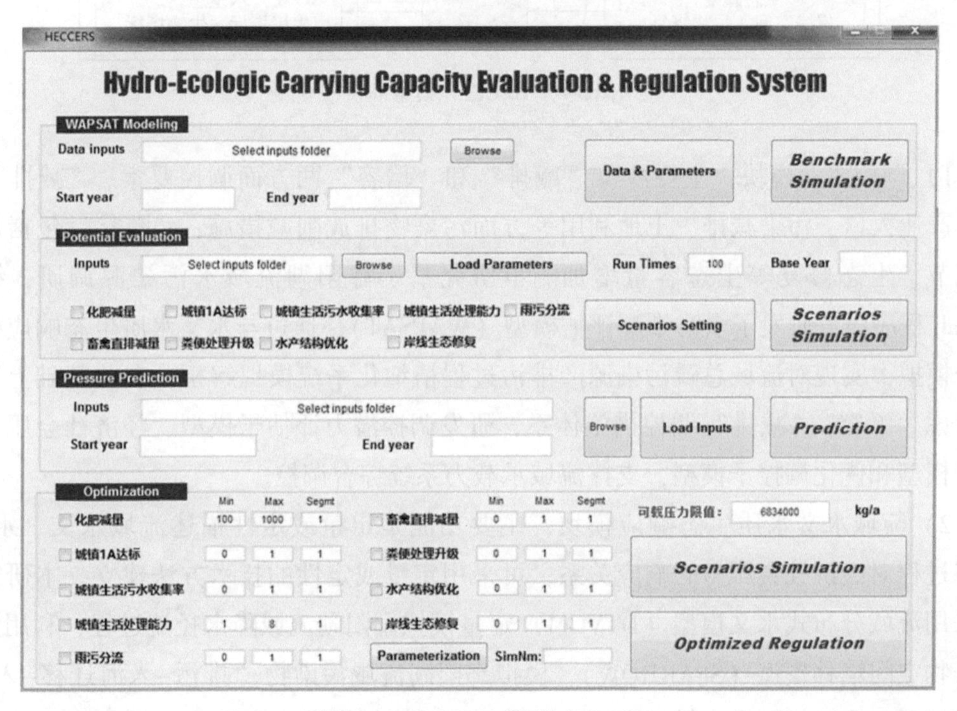

图 5-3　HECCER 模型（V2.0）

（2）模型原理

基于“减排-增容”的水生态承载力系统模拟模型（HECCER）针对减排和增容两方面对水生态承载力影响关系，基于经济社会发展与水生态环境系统间作用关系，从经济社会发展产排污过程控制角度，建立污染减排对水生态环境影响关系；从自然水生态系统过程修改角度，建立生态增容对经济社会活动的支持效应，通过系统多要素、多过程耦合而形成。

（3）模型框架

模型总体框架包含调控要素模块、流域水文水质生态响应模块和调控指标量化模块三大部分（图 5-4）。

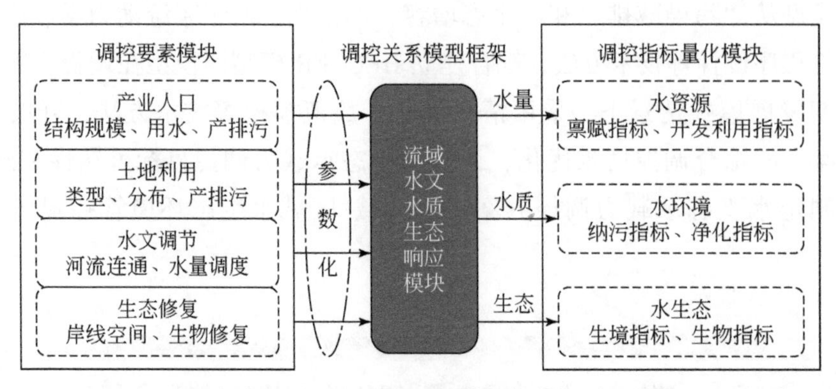

图 5-4　HECCER 模型框架

1）调控要素模块，主要涉及“减排”和“增容”两方面调控要素。“减排”包括从产业人口、污染减排、土地利用等方面污染物排放削减措施；“增容”包括从水文调节、生态修复等生态容量增加。本研究基于鄱阳湖流域水污染源调研，结合 Matlab 程序语言研发了水污染源评估模型（WAPSAT），通过与水文水质生态响应模块耦合模拟，实现对流域总磷污染源产排污过程精细化系统模拟解析，在此基础上进一步考虑“增容”“减排”调控措施体系，研发调控潜力评估子模型、经济社会压力预测子模型和优化调控子模型，支撑流域承载力系统综合调控。

2）流域水文水质生态响应模块，主要功能是定量或定性描述流域水文、水质、生态过程对经济社会压力的响应关系，可采用定量或定性的技术方法建立。本研究汇总采用流域分布式水文模型（DTVGM）定量模拟鄱阳湖流域降水径流过程，利用流域污染物空间输移模型（SPARROW），模拟鄱阳湖流域污染物“排污-入河迁移-入湖”空间过程，通过模型耦合模拟实现鄱阳湖流域系统过程模块构建。

3）调控指标量化模块，主要依据流域水文水质生态响应模块分析结果，利用水量、水质和生态变量对水资源、水环境和水生态相关调控指标情况进行承载力调控。

（4）核心技术方法和参数

1）流域水污染源评估模型方法：通过我国流域水污染源产排污过程系统调研，基于计算机程序语言，自主开发形成水污染源评估模型，为经济社会产排污压力因子调控提供关键技术支撑。

2）水生态承载力调控情景优化方法：统筹“增容”“减排”调控措施，开发水生态承载力调控情景自动化设置方法，实现自主定义调控措施参数及其阈值，自动化开展调控情景参数组合设置与优化。相关主要调控参数如表 5-8 所示。

表 5-8　水生态承载力调控情景参数及其阈值

调控措施	调控参数	代码名称	最差值	最优值
施肥减量	单位耕地面积磷肥施用量/(kg/hm^2)	FertAppCoeff	1000	100
粪污综合利用	养殖场粪污还田率	ExcremReuRate	0	1
粪污综合利用	处理后直排率	ExcremDirRRate	1	0
装备处理设施	处理设施配套率	ExcremTreatFaciRate	0	1
处理设施提标	处理设施提标（膜处理）改造比例	ExcremTreatFaciImprRate	0	1
提标改造	一级 A 达标率	UrbHHTreatPlan1ARate	0	1
管网收集率提升	污水收集率	UrbHHCollectdRate	0	1
入厂处理能力提升	入厂处理系数	UrbHHTreatCoeff	1	8
雨污分流	入厂污染物浓度系数	UrbHHTreatPolltCC	0	1
空间布局优化	湖区养殖占比	AquaculSpatiStr	1	0
养殖结构调整	降低鱼类养殖比例	AquaculFishProport	1	0
尾水达标处理	养殖尾水达标排放率	AquaculTailWatSRR	0	1
岸线生态修复	滨岸缓冲带植被覆盖率	RiparianVegetCR	0	1

（5）技术创新点及主要技术经济指标

HECCER 模型从流域水生态系统性、完整性及其对经济社会活动承载关系角度出发，创新性地将经济产业发展、产排污过程、流域水文-水质-生态过程等流域系统多过程复杂要素系统耦合，并提出统筹“污染减排”与“生态增容”的调控要素情景优化模块方法，实现流域水生态承载力系统评估与优化调控于一体的综合性、数字化、自动化、模型系统，可为流域“三水”综合管控方案与管理政策的优化制定提供科技支撑，保障流域水生态环境保护成本投入与实施成效统筹优化。

5.2.4　基于连通函数的水文调节潜力评估技术

（1）技术简介

本技术通过图论与水文连通函数法计算各闸坝点的水流通畅度，从而得到河网的水系连通值。模拟不同连通情景下的闸坝开启度，从而确定开启度对水生态的影响。本技术适用于我国境内平原河网地区多闸坝调控，可为水生态优化调控提供技术支撑。

（2）技术原理

将水流阻力的倒数作为水系连通度，推导水文连通函数。对于开放河道，一般认

为其流速 V 可以用曼宁公式表达，继而建立加权邻接矩阵，求出水系连通度。为了解水利工程对该区域河网水系连通性的影响，对闸坝点引入开启度模拟情景，即对闸坝点的水流畅通度 α 进行修正。引入以下两种情景：①闸门开启；②闸门关闭。将开启度设为0、20%、40%、60%、80%、100%，计算开启一定数量闸门时研究区域的水系连通度，得出闸坝的隔断对研究区域河网的水系连通性造成的影响，进一步分析水系水生态现状，得出连通度与水生态状况的相关性。

（3）技术工艺流程

本技术主要运用图论法以闸坝点作为图论模型的顶点，利用水文连通函数，将相邻闸坝点的水流畅通度作为权值组成加权邻接矩阵，对矩阵进行计算求出任一闸坝点到其他闸坝点的最大水流畅通度，再通过归一化求出该闸坝点的水流畅通度。计算得到水系连通性值，设置情景模拟闸坝开启度，得到连通度与开启度之间线性规划模型。通过对研究区水生态状况的进一步研究，分析闸坝开启度-连通度-水生态的相关关系，进而为水生态的提升提供技术参考（图5-5）。

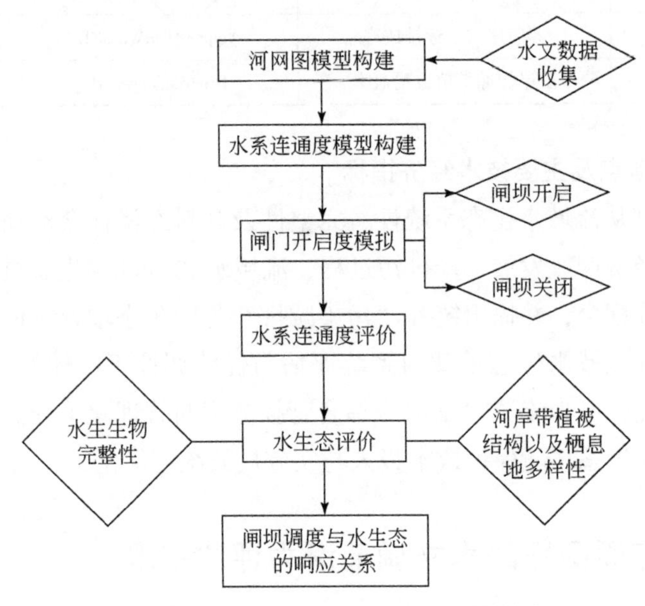

图5-5　基于连通函数的水文调节潜力评估技术流程

A. 水系连通度模型构建

以水流阻力的倒数作为水系连通度，对水文连通函数的表达式进行推导如下。

对于开放河道，一般认为其流速 V 可以用曼宁公式表达，即

$$V = \frac{1}{n} R_h^{\frac{2}{3}} S^{\frac{1}{2}} \tag{5-34}$$

式中，n 为糙率系数，由实验数据测得；R_h 为水力半径，即流体截面积 A 与湿周长 X 之比；S 为明渠坡度，此时可用河床坡度表示，研究区域为平原地区，此处河床坡度极小，因而忽略不计。又可知流速与糙率系数的倒数及其水力半径具有非线性函数关系：

$$R_h = \frac{A}{X} = \frac{(b + mh)h}{b + 2h\sqrt{1 + m^2}} \tag{5-35}$$

$$V \propto \frac{1}{n} R_h^{\frac{2}{3}} \tag{5-36}$$

式中，b 为河底宽；m 为边坡系数；h 为水深。

由于水流阻力 F 与水流运行距离 d 成正比且与水流速度 V 成反比，综合可知水流阻力的表达式为

$$F = dn\left[\frac{(b + mh)h}{b + 2h\sqrt{1 + m^2}}\right]^{-\frac{2}{3}} \tag{5-37}$$

由于水流畅通度 α 可用水流阻力 F 之倒数表示

$$\alpha = \frac{1}{F} \tag{5-38}$$

此时可建立加权邻接矩阵 $\boldsymbol{H}$，采用矩阵乘法，得

$$\boldsymbol{H}^k = (a_{ij}^k)_{m\times m} = \sum_{p=1}^{m} a_{ip}^{k-1} a_{pj} \quad k = 1, 2, \cdots, m - 1 \tag{5-39}$$

式中，a_{ij}^k 表示顶点 i 及 j 间的水流畅通度，由闸坝 i 到闸坝 j 中间经过 $m - 1$ 个顶点间的水流畅通度；p 表示顶点编号。${\alpha_{ij}}^k$ 的引入使顶点 i 及 j 间无直接相连的边时仍可评价其水系连通情况。

求出水系连通度矩阵 $\boldsymbol{G} = (g_{ij})_{m\times m}$，此时 g_{ij} 表示顶点 i 与 j 间最大水系连通度，即

$$g_{ij} = \begin{cases} \max\alpha_{ij}^k & k = 1, 2, \cdots, m - 1 \\ 0 & i = j \end{cases} \tag{5-40}$$

由于数据量的庞大，需借助数学软件对式（5-40）进行计算，得出 g_{ij}，再对 g_{ij} 取平均值，即可求得某一闸坝 i 的水系连通度 D_i，即

$$D_i = \frac{1}{m - 1}\sum_{j=1}^{m} g_{ij} \quad i \neq j \tag{5-41}$$

再对所有闸坝 i 的水系连通度 D_i 取平均值，求得该河网图的水系连通度 D，即

$$D = \frac{1}{m}\sum_{i=1}^{m} D_i \tag{5-42}$$

B. 闸坝开启情景的水系连通度评价

引入闸坝群开启度概念，并模拟开启度情景为 0、20%、40%、60%、80%、

100%的水系连通情况，分析开启度对连通度的影响。

C. 闸坝对水生态的影响

为构建涵盖水生生物完整性、栖息地多样性和河岸带植被覆盖的水生态评估指标，通过对各区指标体系进行实地调查、评估，计算综合水生态得分（表5-9）。然后得到连通度与水生态状态的相关公式，并求最优水生态情景下的闸坝开启度。

表5-9　水生态调查评分标准

标准/指标	优	良	中	差
水生生物完整性	浮游藻类及大型底栖动物完整性指数超过采样点位75%分位数	浮游藻类及大型底栖动物完整性指数超过采样点位50%分位数	浮游藻类及大型底栖动物完整性指数超过采样点位25%分位数	浮游藻类及大型底栖动物完整性指数不足采样点位25%分位数
栖息地多样性	有水生植被、枯枝落叶、倒木、倒凹堤岸和巨石等各种小栖境	有水生植被、枯枝落叶和倒凹堤岸等小栖境	以1种或2种小栖境为主	以1种小栖境为主，底质以淤泥或细沙为主
河岸带植被覆盖	河岸周围植被种类很多，面积大。50%以上的堤岸覆盖有植被	河岸周围植被种类比较多，面积一般。50%～25%堤岸覆盖有植被	河岸周围植被种类比较少，面积较小。少于25%的堤岸覆盖有植被	河岸周围几乎没有任何植被。无堤岸覆盖，无植被
分值	16～20	11～15	6～10	0～5

（4）核心技术方法和参数

A. 基于图论及水文连通函数耦合的水文连通评估方法

采用图论法及水文连通函数法建立水文连通评价方法，对研究区水系连通性进行定量计算。该方法首先对研究区域水系图进行数字概化，得到数字河网图；运用图论法以闸坝作为图论模型的顶点，利用水文连通函数，将相邻闸坝的水流畅通度作为权值组成加权邻接矩阵，对矩阵进行计算求出任一闸坝点到其他闸坝的最大水流畅通度，再通过归一化求出该闸坝的水流畅通度，最后可得出所有闸坝的水流畅通度的平均值即该区域水系的连通度。

B. 引入闸坝开启度概念，并分析闸坝调度对水生态的影响

通过对闸坝点引入开启度模拟情景，即对闸坝点的水流畅通度进行修正，分析闸坝调度的影响，引入以下两种情景。

当闸门开启时，闸坝未对该处河道水流造成隔断，此时可认为闸坝对该处水流畅通度不存在影响，应用上述方法计算该处水流畅通度。

当闸门关闭时，闸坝未对该处前后两端的河道造成隔断，此时可认为闸坝对该处

水流畅通度存在影响，使该处水流畅通度变为0。

对上述情况进行模拟，将开启度设为0、20%、40%、60%、80%、100%，计算只开启一定数量闸门时研究区域的水系连通度，了解闸坝的隔断对研究区域河网的水系连通性造成的影响。

(5) 技术创新点及主要技术经济指标

由于河网水系在数量、组成和形态的复杂性，如何准确地对水系变化及其所产生的一系列影响进行定量评价，具有十分重要的研究和讨论价值。本技术在图论方法的基础上，模拟闸门开启度概念，使得闸坝对水生态的影响得以量化分析。

(6) 实际应用案例

本技术已在太湖流域常州市得到应用，完成了常州市区的连通度测算，并给出了最优水生态状况下的连通度值。利用本技术得到常州市各区连通性顺序依次为新北区>武进区>钟楼区>天宁区，当连通度为0.047时，水生态最优，此时的闸坝群开启度为16.03%。

5.2.5 流域水生态承载力综合调控技术

(1) 技术简介

水生态承载力调控技术是流域/区域水生态环境综合管理的关键支撑技术。从水生态系统角度看，水生态环境质量演变受到流域产业结构布局、人口发展、水土资源开发、自然气候变化等人类活动与自然环境复杂要素影响，目前单方面的水资源或水环境管理手段对水生态系统性考虑不足，难以支撑水生态环境综合管控的迫切需求。水生态承载力调控以维持水生态系统与社会经济协调可持续发展为目标，针对水资源、水环境、水生态“三水”主要超载问题，通过调控指标筛选、路径与措施确定、调控潜力评估、调控目标制定、优化调控和方案制定等环节，提出涵盖工程和非工程调控措施的综合调控方案，为流域/区域水生态环境质量改善与承载力提升提供技术支撑。本技术适用于以淡水生态系统为主导的流域或行政区域范围内的水生态环境综合管控，不适用于海洋、海湾、咸水湖、河口等区域。

(2) 技术原理

本技术面向水生态调控指标改善需求，考虑调控空间范围水生态环境状况特征，选择承载力调控路径，结合水生态环境管控策略要求，提出承载力调控的备选工程或非工程措施清单；从“减排”“增容”两方面，采用情景分析、数值模拟等技术手段，定量评估一定社会经济发展情景下调控措施对调控指标的改善潜力；依据调控指标的改善潜力，考虑与水生态环境管理目标的衔接，制定分阶段调控目标体系；在调控空间范围社会经济近远期发展模式情景下，采用情景优化、数值模拟等技术手段，开展兼顾“减排”“增容”的综合调控情景优化，评估目标可达性和成本效益，优选综合调控情景；参考承载力调控情景优化结果，编制水生态承载力综合调控方案，为流域/区域水生态环境管控提供依据。

(3) 技术工艺流程

以“发展情景预测—调控措施选择—综合调控情景设置—调控系统分析—目标可达性分析—成本效益分析—调控方案制定”为主线开展流域/区域综合调控（图5-6），具体技术说明如下。

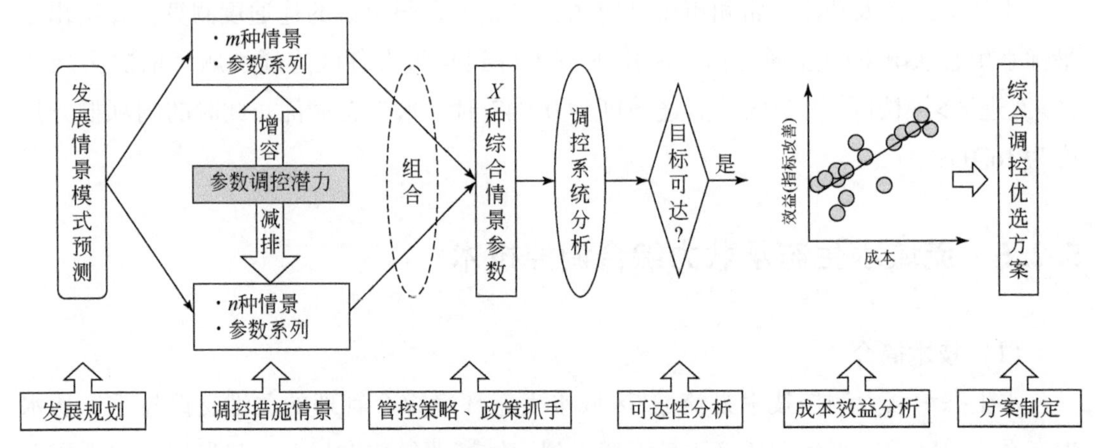

图5-6 水生态承载力综合优化调控技术流程

1）发展情景预测。对标制定的近远期调控目标时间要求，依据流域相应发展规划，开展近远期社会经济发展情景预测。可结合流域/区域发展规划方案，采用人口增长模型、经济社会发展预测方法、单位排放强度法、水量供需分析法等方法，预测流域人口增长、经济发展、污染排放、水资源利用、土地开发等趋势，预测近远期社会经济发展状况。

2）调控措施选择。依据调控潜力评估结果，对各类调控参数的敏感性和能效进行排序，优先选择对调控指标改善效果较好的参数及相应的调控措施，提出“增容”和“减排”两方面的调控措施情景，并依据参数阈值确定各项措施相应的调控参数取值集合，形成调控措施情景清单。

3）综合调控情景设置。依据调控措施情景清单，结合流域/区域对水资源、水环境、水生态管控策略和政策抓手，设置统筹“减排”“增容”措施情景的综合调控情景方案及其参数集。

4）调控系统分析。利用构建的调控措施对目标指标的影响关系模型，以综合调控情景参数为驱动，系统分析不同综合调控情景和自然演变情景下的调控指标在近远期变化趋势。

5）目标可达性评估。依据调控指标模拟分析结果，分析不同调控情景下各项指标的调控目标可达性。如果某调控情景的模拟分析结果表明各项调控指标在近远期均可达到预设调控目标，则进行下一步；如果某调控情景的模拟分析结果中有任何调控指标无法达到近期或远期调控目标，则将不被纳入备选调控方案。

6）成本效益分析。针对通过可达性分析的各类调控情景，依据相关规定进行相应调控措施的投入成本匡算以及生态效益和经济社会效益分析。

7）调控方案制定。依据成本效益分析结果，对比分析各种调控情景方案的投入成本和效益，优选成本低且效益高的调控方案作为推荐调控方案，以编制流域综合调控方案。

（4）核心技术方法和参数

水生态承载力调控情景优化技术：基于水生态承载力系统模型，统筹考虑流域生态环境管控政策抓手，确定“污染减排”“生态增容”综合调控情景参数及其调控阈值，自动开展调控情景参数组合设置与承载力动态模拟优化，评估调控目标可达性与成本效益，支撑承载力综合调控方案优选制定。

（5）技术创新点及主要技术经济指标点

面向“三水”突出问题，创新性地提出以“发展情景预测—调控措施选择—综合调控情景设置—调控系统分析—目标可达性分析—成本效益分析—调控方案制定”为主线的流域水生态承载力优化调控技术方法，实现“污染减排”“生态增容”调控两手抓，兼顾承载力调控成本投入与实施成效的协同优化，制定流域水生态承载力综合调控方案，支撑“三水”统筹管控政策的制定，促进流域生态环境保护与经济社会发展相协调。

（6）实际应用案例

本技术成果以江西省鄱阳湖流域为研发和应用示范区，为鄱阳湖流域水生态环境综合管理提供了有力科技支撑。

为支撑解决鄱阳湖流域总磷污染突出问题，以鄱阳湖总磷污染控制为主线，构建了鄱阳湖流域水生态承载力评估与调控 HECCER 模型，针对种植业、养殖业、城镇生活和岸线生态修复相关 9 项调控措施开展流域承载力调控潜力定量评估，发现滨岸带生态修复增容对降低总磷入湖负荷和改善水生生境具有很大潜力（可削减约 35% 的总磷入湖负荷），其次是种植业化肥减量措施（可削减 14.7% 的总磷入湖负荷），城镇污水处理能力提升和开展雨污分流对入湖总磷负荷控制也具有十分积极作用；制定以水质净化和生境修复为核心的近远期调控目标，实现1728套综合调控情景方案模拟，发现最优综合调控情景下可削减约60%的入湖总磷负荷，分析得到233个近期目标可达方案和19个远期调控目标可达方案，可使2030年流域水环境、水生态承载状态总体改善明显（提升30%～80%），大部分区域达到临界承载/可载状态。结合应用区工作实际，在目标可达调控方案库中，优选确定近远期总体调控方案，进一步结合HECCER模型精细化模拟分析，提出近远期总磷总量分配方案（子流域尺度、分配到各行业），同时划定鄱阳湖流域重点管控、适度管控和一般管控三类管控区，形成针对城镇生活、种植业、养殖业等重点行业和岸线生态修复等措施的分区分类调控具体方案，支撑流域水生态环境治理改善和承载力整体提升。

5.3 应用案例

（1）太湖常州水生态承载力调控方案

针对常州地区产业密集、水动力条件不足等生态环境特征，应用流域水生态承载力优化调控关键技术，开展了常州市水生态承载力评估，发现常州市总体呈临界超载状态，并诊断识别了产业排污、水系连通性不佳、水域面积指数低、水环境质量超标等主要超载问题和区域；构建了耦合WREE、SD和MIKE模型的水生态承载力优化调控系统模型，提出了统筹产业结构减排和水文调节增容的承载力调控方案。基于绿色发展理念，通过产业结构优化减排可有效缓解水系水生态承载压力；基于水文调控优化情景，当泵引流量为40～100m^3/s时，可有效改善常州水环境质量。

（2）鄱阳湖流域水生态承载力调控方案

紧密围绕鄱阳湖流域总磷污染突出问题，诊断了流域高强度排污和生态退化等导致的鄱阳湖总磷污染超载问题。构建了鄱阳湖流域HECCERS水生态承载力系统模型，模拟解析了鄱阳湖总磷时空来源和污染成因，分别针对产业减排（种植业、城镇生活、养殖业）和生态增容（退耕还林、岸线修复）构建水生态承载力调控措施及其参数阈值清单，模拟评估了滨岸带生态修复、种植业化肥减施、城镇生活治理等措施为主的调控潜力及关键区，设置1728套综合调控情景方案，经过模拟优化和目标可达性分析，优选制定了近远期承载力调控方案及分区管控方案，提出流域总磷排放总量控制建议目标及管控分区（表5-10）。

在备选方案库中，考虑先易后难、循序渐进原则，近期综合调控方案拟重点针对种植业、畜禽养殖、城镇生活等污染防治相关的高优先级调控措施的实施，着力解决鄱阳湖总磷污染问题，保障鄱阳湖流域水环境质量改善。

表 5-10 鄱阳湖流域承载力调控近期（2020 ~ 2025）方案参数

调控对象	调控措施	调控参数	目标值	说明
种植业	种植业施肥减量	单位耕地面积磷肥施用量/(kg/hm²)	300	削减磷肥使用量
畜禽养殖	畜禽粪污综合利用	畜禽粪污处理后直排率	0.05	畜禽粪污资源化利用率达到95%
	畜禽粪污处理设施提标	畜禽粪污处理设施提标改造比例	0.4	40% 的畜禽养殖场粪污处理设施实现膜处理
城镇生活	污水处理厂提标改造	城镇生活污水处理厂一级 A 达标率	1.0	城镇生活污水处理厂一级 A 达标率 100%
	管网收集率提升	城镇生活污水收集率	0.9	提高各区县城镇生活污水收集率到 90% 以上
	污水处理厂处理能力提升	城镇生活入厂负荷处理系数	1.5	城镇污水处理厂处理规模增加 50%
	雨污分流	城镇生活入厂负荷浓度系数	1.0	100% 实现雨污分流
水产养殖	水产养殖结构调整	鱼类养殖比例	0.5	调整水产养殖结构，使鱼类养殖占比降到 50% 以下
水生生境	退耕还林	退耕还林面积	3226.1km²	推进退耕还林 3226.1km²，转换为林草地
	岸线生态修复	滨岸缓冲带植被覆盖比例	0.72	加强生态修复，使河湖滨岸带植被覆盖度提升到 73%

在近期调控方案确定基础上，远期综合调控方案在持续推动种植业、畜禽养殖、城镇生活等污染防治措施实施的同时，着力加强鄱阳湖流域生态修复增容，重点通过河湖滨岸带生态修复，推动鄱阳湖流域水生态系统健康发展（表 5-11）。

表 5-11　鄱阳湖流域承载力调控远期（2025～2030）方案参数

调控对象	调控措施	调控参数	目标值	说明
种植业	种植业施肥减量	单位耕地面积磷肥施用量/（kg/hm^2）	300	维持近期调控目标
畜禽养殖	畜禽粪污综合利用	畜禽粪污处理后直排率	0.05	维持近期调控目标
	畜禽粪污处理设施提标	畜禽粪污处理设施提标改造比例	0.4	维持近期调控目标
城镇生活	污水厂提标改造	城镇生活污水厂一级 A 达标率	1.0	维持近期调控目标
	管网收集率提升	城镇生活污水收集率	0.9	维持近期调控目标
	污水厂处理能力提升	城镇生活入厂负荷处理系数	1.8	城镇污水处理厂处理规模较基准年增加 80%
	雨污分流	城镇生活入厂负荷浓度系数	1.0	维持近期调控目标
水产养殖	水产养殖结构调整	鱼类养殖比例	0.5	维持近期调控目标
水生生境	退耕还林	退耕还林面积	26 714 km^2	持续管控农业空间，退耕还林面积累计达到 5153.9 km^2
	岸线生态修复	滨岸缓冲带植被覆盖比例	0.85	进一步加强生态修复，使河湖滨岸带植被覆盖度提升到 85%

参考文献

蔡玉梅，刘彦随，宇振荣，等 . 2004. 土地利用变化空间模拟的进展：CLUE-S 模型及其应用 . 地理科学进展，(4)：63-71，115.

柴淼瑞 . 2014. 基于 SD 模型的流域水生态承载力研究：以铁岭控制单元为例 . 西安：西安建筑科技大学硕士学位论文 .

褚俊英，严登华，周祖昊，等 . 2018. 基于综合功能辨识的城市河湖生态流量计算模型及应用 . 水利学报，49（11）：50-61.

崔广柏，陈星，向龙，等 . 2017. 平原河网区水系连通改善水环境效果评估 . 水利学报，48：1429-1437.

党丽娟，徐勇 . 2015. 水资源承载力研究进展及启示 . 水土保持研究，(3)：341-348.

丁冉，肖伟华，于福亮，等 . 2011. 水资源质量评价方法的比较与改进 . 中国环境监测，27（3）：63-68.

董慧文 . 2016. 浅议水环境质量的分析与评价 . 黑龙江科技信息，(16)：121.

段新辉 . 2016. 基于生态系统服务价值的徐州市土地利用结构优化配置研究 . 徐州：中国矿业大学硕士学位论文 .

多玲花 . 2015. 基于生态系统服务价值的土地利用结构优化研究 . 南昌：东华理工大学硕士学位论文 .

冯仕超，高小红，顾娟，等 . 2013. 基于 CLUE-S 模型的湟水流域土地利用空间分布模拟 . 生态学报，33（3）：985-997.

傅伯杰，张立伟 . 2014. 土地利用变化与生态系统服务：概念、方法与进展 . 地理科学进展，33（4）：441-446.

高俊峰，蔡永久，夏霆，等 . 2016. 巢湖流域水生态健康研究 . 北京：科学出版社 .

高俊峰，高永年，张志明 . 2019. 湖泊型流域水生态功能分区的理论与应用 . 地理科学进展，（8）：1159-1170.

高俊峰，张志明，黄琪，等 . 2017. 巢湖流域水生态功能分区研究 . 北京：科学出版社 .

高小永 . 2010. 基于多目标蚁群算法的土地利用优化配置 . 武汉：武汉大学博士学位论文 .

高欣，丁森，张远，等 . 2015. 鱼类生物群落对太子河流域土地利用、河岸带栖息地质量的响应 . 生态学报，35（21）：7198-7206.

高喆，曹晓峰，黄艺，等 . 2015. 滇池流域水生态功能一二级分区研究 . 湖泊科学，27（1）：175-182.

郭维东，王丽，高宇，等 . 2013. 辽河中下游水文生态完整性模糊综合评价 . 长江科学院院报，30（5）：13-16.

郭小燕，刘学录，王联国 . 2016. 以提高生态系统服务为导向的土地利用优化研究：以兰州市为例 . 生态学报，36（24）：7992-8001.

居晓青，陈虎 . 2013. 河流健康内涵和评价体系初探 . 三峡环境与生态，35（S1）：31-34.
李国忱，汪星，刘录三，等 . 2012. 基于硅藻完整性指数的辽河上游水质生物学评价 . 环境科学研究，25（8）：852-858.
李靖，周孝德 . 2009. 叶尔羌河流域水生态承载力研究 . 西安理工大学学报，25（3）：249-255.
李林子，傅泽强，沈鹏，等 . 2016. 基于复合生态系统原理的流域水生态承载力内涵解析 . 生态经济，32（2）：147-151.
李宁，陈阿兰，杨春江，等 . 2017. 城镇化对湟水河上游水质和底栖动物群落结构的影响 . 生态学报，37（10）：3570-3576.
李思忠 . 1981. 中国淡水鱼类的分布区划 . 北京：科学出版社 .
李鑫，马晓冬，肖长江，等 . 2015. 基于 CLUE- S 模型的区域土地利用布局优化 . 经济地理，35（1）：162-167，172.
梁友嘉，徐中民，钟方雷 . 2011. 基于 SD 和 CLUE-S 模型的张掖市甘州区土地利用情景分析 . 地理研究，30（3）：564-576.
刘瑞民，杨志峰，丁晓雯，等 . 2006. 土地利用/覆盖变化对长江上游非点源污染影响研究 . 环境科学，（12）：2407-2414.
刘子刚，蔡飞 . 2012. 区域水生态承载力评价指标体系研究 . 环境污染与防治，34（9）：73-77.
莫致良，杜震洪，张丰等 . 2017. 基于可扩展多目标蚁群算法的土地利用优化配置 . 浙江大学学报（理学版），44（6）：649-659，674.
潘扎荣，阮晓红，周金金，等 . 2011. 河道生态需水量研究进展 . 水资源与水工程学报，22（4）：89-94.
彭文启 . 2013. 流域水生态承载力理论与优化调控模型方法 . 中国工程科学，15（3）：33-43.
彭文启 . 2018. 河湖健康评估指标、标准与方法研究 . 中国水利水电科学研究院学报，16（5）：76-86，98.
邱伟彦 . 2015. 基于生态系统服务价值的土地利用结构优化研究 . 武汉：华中师范大学硕士学位论文 .
申献辰，邹晓雯，杜霞 . 2002. 中国地表水资源质量评价方法的研究 . 水利学报，（12）：65-69.
苏瑶，许育新，安文浩，等 . 2019. 基于微生物生物完整性指数的城市河道生态系统健康评价 . 环境科学，（3）：1-17 .
苏玉，曹晓峰，黄艺 . 2013. 应用底栖动物完整性指数评价滇池流域入湖河流生态系统健康 . 湖泊科学，25（1）：91-98.
孙佳乐，王颖，辛晋峰 . 2018. 汉江流域（陕西段）水生态承载力评估 . 水资源与水工程学报，29（3）：80-86.
孙然好，汲玉河，尚林源，等 . 2013. 海河流域水生态功能一级二级分区 . 环境科学，34（2）：509-516.
孙玉兰，李漱宜，杨洁 . 1995. 海河流域供水水源地水资源质量评价及趋势分析 . 水资源保护，（4）：68-72.
谭巧，马芊芊，李斌斌，等 . 2017. 应用浮游植物生物完整性指数评价长江上游河流健康 . 淡水渔业，47（3）：97-104.
王惠，齐实 . 2008. 山西沁河源头河岸植被带建设、评价及设计 . 北京：北京林业大学硕士学位论文 .
王西琴，高伟，何芬，等 . 2011. 水生态承载力概念与内涵探讨 . 中国水利水电科学研究院学报，9（1）：

41-46.

王西琴，刘昌明，张远 . 2006. 基于二元水循环的河流生态需水水量与水质综合评价方法：以辽河流域为例 . 地理学报，61（11）：1132-1140.

吴阿娜 . 2008. 河流健康评价：理论、方法与实践 . 上海市：华东师范大学博士学位论文 .

谢鹏飞，赵筱青，张龙飞 . 2015. 土地利用空间优化配置研究进展 . 山东农业科学，47（3）：138-143.

熊文，黄思平，杨轩 . 2010. 河流生态系统健康评价关键指标研究 . 人民长江，41（12）：7-12.

熊怡，张家桢 . 1995. 中国水文区划 . 北京：科学出版社 .

徐昔保，杨桂山，张建明 . 2008. 基于神经网络 CA 的兰州城市土地利用变化情景模拟 . 地理与地理信息科学，24（6）：80-83.

许莎莎 . 2012. 黑河流域水生态功能分区研究 . 兰州 ：兰州大学硕士学位论文 .

许宜平，王子健 . 2018. 水生态完整性检测评价的基准与参照状态的研究 . 中国环境监测，34：1-9.

许有鹏 . 2012. 长江三角洲地区城市化对流域水系与水文过程的影响 . 北京：科学出版社 .

杨俊峰，乔飞，韩雪梅，等 . 2013. 流域水生态承载力评价指标体系研究//中国环境科学学会 . 2013 中国环境科学学会学术年会论文集（第六卷）. 中国环境科学学会：中国环境科学学会：5.

杨涛，惠秀娟，许云峰 . 2009. 用于流域管理的河流水生态系统健康评价初探 . 环境保护科学，35（5）：52-54.

杨文慧，杨宇 . 2006. 河流健康概念及诊断指标体系的构建 . 水资源保护，22（6）：28-30，63.

杨文慧，严忠民，吴建华 . 2005. 河流健康评价的研究进展 . 河海大学学报（自然科学版），（6）：5-9.

尹民，杨志峰，崔保山 . 2005. 中国河流生态水文分区初探 . 环境科学学报，（4）：423-428.

张博，王书航，姜霞，等 . 2016. 丹江口库区土地利用格局与水质响应关系 . 环境科学研究，29（9）：1303-1310.

张浩，丁森，张远 . 2015. 西辽河流域鱼类生物完整性指数评价及与环境因子的关系 . 湖泊科学，27（5）：829-839.

张鸿辉，曾永年，谭荣，等 . 2011. 多智能体区域土地利用优化配置模型及其应用 . 地理学报，66（7）：972-984.

张盛，王铁宇，张红，等 . 2017. 多元驱动下水生态承载力评价方法与应用——以京津冀地区为例 . 生态学报，（12）：4159-4168。

张艳会，杨桂山，万荣荣 . 2014. 湖泊水生态系统健康评价指标研究 . 资源科学，36（6）：1306-1315.

张殷俊，陈爽，彭立华 . 2009. 平原河网地区水质与土地利用格局关系：以江苏吴江为例 . 资源科学，31（12）：2150-2156.

张远，江源，高俊峰，等 . 2019b. 中国重点流域水生态系统健康评价 . 北京：科学出版社 .

张远，马淑芹，等 . 2021. 全国水生态功能分区研究 . 北京：科学出版社 .

张远，周凯文，杨中文，等 . 2019a. 水生态承载力概念辨析与指标体系构建研究 . 西北大学学报（自然科学版），49（1）：1-12.

赵彦伟，汪思慧，于磊，等 . 2010. 流域景观格局变化的河流生物响应研究进展 . 生态学杂志，29（6）：1228-1234.

卓海华，湛若云，王瑞琳，等 . 2019. 长江流域片水资源质量评价与趋势分析人民长江 50（2）：122-129，206.

左其亭，陈豪，张永勇 . 2015. 淮河中上游水生态健康影响因子及其健康评价 . 水利学报，46（9）：1019-1027.

Abell R, Thieme M L, Revenga C, et al. 2008. Freshwater Ecoregions of the World: A New Map of Biogeographic Units for Freshwater Biodiversity Conservation. BioScience, 58 (5): 403-414.

Allen W. 1949. Studies in African Land Usage in Northern Rhodesia. Rhodes Living Stone Papers, (15): 78.

Al-sharif A A A, Pradhan B. 2013. Monitoring and predicting land use change in Tripoli Metropolitan City using an integrated Markov chain and cellular automata models in GIS. Arabian Journal of Geosciences, 7 (10): 4291-4301.

Amiri B J, Nakane K. 2009. Modeling the Linkage Between River Water Quality and Landscape Metrics in the Chugoku District of Japan. Water Resources Management, 23 (5): 931-956.

Andersen J H, Aroviita J, Carstensen J, et al. 2016. Approaches for integrated assessment of ecological and eutrophication status of surface waters in Nordic Countries. Ambio, 45: 681-691.

Bacher C, Duarte P, Ferreira J G, et al. 1997. Assessment and comparison of the Marennes-Oléron Bay (France) and Carlingford Lough (Ireland) carrying capacity with ecosystem models. Aquatic Ecology, 31 (4): 379-394.

Birk S, Bonne W, Borja A, et al. 2012. Three hundred ways to assess Europe's surface waters: An almost complete overview of biological methods to implement the Water Framework Directive. Ecological Indicators, 18: 31-41.

Borja Á, Dauer D M, Grémare A. 2012. The importance of setting targets and reference conditions in assessing marine ecosystem quality. Ecological Indicators, 12: 1-7.

Boulton A J. 1999. An overview of river health assessment: philosophies, practice, problems and prognosis. Freshwater Biology, 41: 469-479.

Brack W, Ait-Aissa S, Burgess R M, et al. 2016. Effect-directed analysis supporting monitoring of aquatic environments—an in-depth overview. Science of the Total Environment, 544: 1073-1118.

Byron C, Link J, Costa-Pierce B, et al. 2011. Calculating ecological carrying capacity of shellfish aquaculture using mass-balance modeling: Narragansett Bay, Rhode ISLAnd. Ecological Modelling, 222 (10): 1743-1755.

Caroni R, Bund W, Clarke R T, et al. 2013. Combination of multiple biological quality elements into waterbody assessment of surface waters. Hydrobiologia, 704: 437-451.

Costanza R, Mageau M. 1999. What is a healthy ecosystem? Aquatic Ecology, 33 (1): 105-115.

Davies P E. 2000. Chapter 8: Development of a national river bioassessment system (AUSRIVAS) in Australia'// Wright J, Sutcliffe D, Furse M. Assessing the biological quality of freshwaters: RIVPACS and other techniques. Freshwater Biological Association, Cumbria, UK: 113-124.

De-la-Ossa-Carretero J, Lane M, Llanso R, et al. 2016. Classification efficiency of the B-IBI comparing water body size classes in Chesapeake Bay. Ecological Indicators, 63: 144-153.

EC. 2000. Directive 2000/60/EC of the European Parliament and of the Council, establishing a framework for the Community action in the field of water policy. Office Journal of the Uuropean Communities.

EPA. 2016. A Practitioner's Guide to the Biological Condition Gradient: A Framework to Describe Incremental Change in Aquatic Ecosystems. EPA-842-R-16-001. U. S. Environmental Protection Agency, Washington, DC.

Giri S, Nejadhashemi A P, Woznicki S, et al. 2014. Analysis of best management practice effectiveness and spatiotemporal variability based on different targeting strategies . Hydrological Processes, 28: 431-445.

Guo W, Jiang M, Li X, et al. 2018. Using a genetic algorithm to improve oil spill prediction. Marine Pollution Bulletin, 135: 386-396.

Hadwen I A S, Palmer L J. 1922. Reindeer in Alaska. US Department of Agriculture.

Han L, Huo F, Sun J. 2011. Method for calculating non-point source pollution distribution in plain rivers. Water Science and Water Engineering, 4 (1): 83-91.

Hawkins C P, Olson J R, Hill R A. 2010. The reference condition: predicting benchmarks for ecological and water-quality assessments. Journal of the North AmericanBenthological Society, 29: 312-343.

Hellawell J M. 1986. Biological indicators of freshwater pollution and environmental management. Elsevier Applied Science Publishers, (1): 173-174.

Hering D, Borja A, Carstensen J, et al. 2010. The European Water Framework Directive at the age of 10: A critical review of the achievements with recommendations for the future. Science of the Total Environment, 408: 4007-4019.

Host G E, Polzer P L, Mladenoff D J, et al. 1996. A quantitative approach to developing regional ecosystem classifications. Ecological Applications, 6 (2): 608-618.

Huang J, Arhonditsis G B, Gao J, et al. 2018. Towards the development of a modeling framework to track nitrogen export from lowland artificial watersheds (polders) . Water Research, 133: 319-337.

Huang J, Gao J, Yan R. 2016. A Phosphorus Dynamic model for lowland Polder systems (PDP) . Ecological Engineering, 88: 242-255.

Huang J, Qi L, Gao J, et al. 2017. Risk assessment of hazardous materials loading into four large lakes in China: A new hydrodynamic indicator based on EFDC. Ecological Indicators, 80: 23-30.

Inostroza P A, Vera- Escalona I, Wicht A J, et al. 2016. Anthropogenic stressors shape genetic structure: Insights from a model freshwater population along a land use gradient. Environmental Science and Technology, 50 (20): 11346-11356.

Ji Z G, Hu G D, Shen J, et al. 2007. Three-dimensional modeling of hydrodynamic processes in the St. Lucie Estuary. Estuarine Coastal and Shelf Science, 73: 188-200.

Jr R C P. 2010. The RCE: A Riparian, Channel, and Environmental Inventory for small streams in the agricultural landscape. Freshwater Biology, 27 (2): 295-306.

Karr J R, Fausch K D, Angermeier P L, et al. 1986. Assessing biological integrity in running waters: A method and its rationale. Special Publication 5 of the Illinois Natural History Survey.

Karr J R. 1999. Defining and measuring river health. Freshwater Biology, 41: 221-234.

King R S, Baker M E, Whigham D F, et al. 2005. Spatial considerations for linking watershed land cover to ecological indicators in streams. Ecological Applications, 15 (1): 137-153.

Kinnell P I A. 2010. Event soil loss, runoff and the Universal Soil Loss Equation family of models: A review. Journal of Hydrology, 385 (1-4): 384-397.

Kok K, Bärlund I, Flörke M, et al. 2015. European participatory scenario development: Strengthening the link between stories and models. Climatic Change, 128 (3-4): 187-200.

Ladson A R. 2000. A multi-component indicator of stream condition for waterway managers: Balancing scientific rigour with the need for utility. PhD thesis, Department of Civil and Environmental Engineering, University of Melbourne.

Lazar A N, Butterfield D, Futter M N, et al. 2010. An assessment of the fine sediment dynamics in an upland river system: INCA-Sed modifications and implications for fisheries. Science of the Total Environment, 408 (12): 2555-2566.

Li Y, Niu L, Wang P, et al. 2018. Development of a microbial community-based index of biotic integrity (MC-IBI) for the assessment of ecological status of rivers in the Taihu Basin, China. Ecological Indicators, 85: 204-213.

Liu S, Butler D, Brazier R, et al. 2007. Using genetic algorithms to calibrate a water quality model. Science of the Total Environment, 374 (2-3): 260-272.

Liu X, Liang X, Li X, et al. 2017. A future land use simulation model (FLUS) for simulating multiple land use scenarios by coupling human and natural effects. Landscape and Urban Planning, 168: 94-116.

Liu Z, Li Y, Peng J. 2010. The landscape components threshold of stream water quality: A review. Acta Ecologica Sinica, 30 (21): 5983-5993.

Marzin A, Archaimbault V, Belliard J, et al. 2012. Ecological assessment of running waters: Do macrophytes, macroinvertebrates, diatoms and fish show similar responses to human pressures? Ecological Indicators, 23: 56-65.

Maxwell J R, Edwards C J, Jensen M E, et al. 1995. A Hierarchical Framework of Aquatic Ecological Units in North America (Nearctic zone). General Technical Report NC-176, United States Department of Agricul-ture, Forest Service, North Central Forest Experiment Station, St. Paul, Minnesota, 72.

Moog O, Kloiber A S, Thomas O, et al. 2004. Does the ecoregion approach support the typological DEMands of the EU 'Water Framework Directive'? Hydrobiologia, 516: 21-23.

Naboureh A, Rezaei Moghaddam M H, Feizizadeh B, et al. 2017. An integrated object-based image analysis and CA-Markov model approach for modeling land use/land cover trends in the Sarab plain. Arabian Journal of Geo-sciences, 10 (12): 259.

Newbold T, Hudson L N, Hill S L, et al. 2015. Global effects of land use on local terrestrial biodiversity. Nature, 520 (7545): 45-50.

Nouri J, Gharagozlou A, Arjmandi R, et al. 2014. Predicting Urban Land Use Changes Using a CA-Markov Model. Arabian Journal for Science and Engineering, 39 (7): 5565-5573.

Odum E P. 1953. Fundamentals of Ecology. Philadephie：Saunders.

Omernik J M. 1987. Ecoregions of the Conterminous United States（Map Supplement）. Annals of the Association of American Geographers，77（1）：118-125.

Pardo I，Carola G R，Wasson J G，et al. 2012. The European reference condition concept：A scientific and technical approach to identify minimally-impacted river ecosystems. The Science of the total environment，420：33-42.

Pelicice F M，Pompeu P S，Agostinho A A. 2015. Large reservoirs as ecological barriers to downstream movements of Neotropical migratory fish. Fish and Fisheries，16：697-715.

Pongruktham O，Ochs C. 2015. The rise and fall of the Lower Mississippi，effects of hydrologic connection on floodplain backwaters. Hydrobiologia，742：169-183.

Programme U N E. 2003. Global Environment Outlook 3. Past，Present and Future Perspectives. Climate Policy，3（3）：317-319.

Rajaram T，Das A. 2011. Screening for EIA in India：Enhancing effectiveness through ecological carrying capacity approach. Journal of environmental management，92（1）：140-148.

Rapport D J. 1999. On the transformation from healthy to degraded aquatic ecosystems. Aquatic Ecosystem Health and Management，2（2）：97-103.

Rossberg A G，Uusitalo L，Berg T，et al. 2017. Quantitative criteria for choosing targets and indicators for sustainable use of ecosystems. Ecological Indicators，72：215-224.

Schaeffer D J，Herricks E E，Kerster H W. 1988. Ecosystem health：I. Measuring ecosystem health. Environmental Management，12（4）：445-455.

Schofield N J，Davies P E. 1996. Measuring the health of our rivers. Water，（5-6）：39-43.

Shi L L，Wang Y Y，Jia Y F，et al. 2017. Vegetation cover dynamics and resilience to climatic and hydrological disturbances in seasonal floodplain：The effects of hydrological connectivity. Frontiers in plant science，8：2196.

Soranno P A，Wagner T，Martin S L，et al. 2011. Quantifying regional reference conditions for freshwater ecosystem management：A comparison of approaches and future research needs. Lake and Reservoir Management，27：138-148.

Tetra T I. 2007. The Environmental Fluid Dynamics Code：Theory and Computation. US EPA，Fairfax，VA.

Union European. 2000. Water framework directive：Directive 2000/60/EC of the European Parliament and of the Council establishing a framework for the community action in the field of water policy. Off. J. Eur. Community L.，327：1-72.

Verburg P H，Overmars K P，Huigen M G A，et al. 2006. Analysis of the effects of land use change on protected areas in the Philippines. Applied Geography，26（2）：153-173.

Verburg P H，Overmars K P，Milne E，et al. 2009. Combining top-down and bottom-up dynamics in land use modeling：Exploring the future of abandoned farmlands in Europe with the Dyna-CLUE model. Landscape Ecology，24（9）：1167.

Vogt E, Braban C F, Dragosits U, et al. 2015. Catchment land use effects on fluxes and concentrations of organic and inorganic nitrogen in streams. Agriculture Ecosystems and Environment, 199 (199): 320-332.

Wade A J, Butterfield D, Whitehead P G. 2006. Towards an improved understanding of the nitrate dynamics in lowland, permeable river-systems: Applications of INCA-N. Journal of Hydrology, 330 (1-2): 185-203.

Walters D M, Roy A H, Leigh D S. 2009. Environmental indicators of macroinvertebrate and fish assemblage integrity in urbanizing watersheds. Ecological Indicators, 9 (6): 1222-1233.

Whitehead P G, Leckie H, Rankinen K, et al. 2016. An INCA model for pathogens in rivers and catchments: Model structure, sensitivity analysis and application to the River Thames catchment, UK. Science of the Total Environment, 572: 1601-1610.

Working Group 2A. 2003. Guidance Document No 13 Overall Approach to the Classification of Ecological Status and Ecological Potential. Office for Official Publications of the European Communities, Luxembourg.

Wright J F, Wright J F, Sutcliffe D W, et al. 2000. An introduction to RIVPACS. Assessing the Biological Quality of Fresh Waters: Rivpacs and Other Techniques an International Workshop Held in Oxford.

Wu N C, Cai Q, Fohrer N. 2012. Development and evaluation of a diatom-based index of biotic integrity (D-IBI) for rivers impacted by run-of-river dams. Ecological Indicators, 18: 108-117.

Wu N C, Schmalz B, Fohrer N. 2012. Development and testing of a phytoplankton index of biotic integrity (P-IBI) for a German lowland river. Ecological Indicators, 13 (1): 158-167.

Zhang Z M, Gao J, Cai Y J. 2019. The effects of environmental factors and geographic distance on species turnover in an agriculturally dominated river network. Environmental Monitoring and Assessment, 191 (4): 1-17.

Zhao C S, Yang S T, Liu C M, et al. 2015. Linking hydrologic, physical and chemical habitat environments for the potential assessment of fish community rehabilitation in a developing city. Journal of Hydrology, 523: 384-397.